高等教育艺术设计系列教材

# 居住空间设计

## 实例教程

主　编　肖友民

副主编　马玉兰　周梦琪　郑春烨　危学敏　窦紫烟

清华大学出版社
北　京

## 内 容 简 介

居住空间设计不仅需要有良好的造型创意和色彩搭配,而且也要让参观者感觉赏心悦目。设计的根本目的是功能合理、视觉美观、用材讲究、经济耐用,因此,对居住空间设计内涵的提升和使设计内容的丰富,是当今居住空间设计教育和研究中十分重要的课题。本书详细介绍了住宅各个使用空间的设计方法,理论讲述全面而精练,简洁而准确;全书表述深入浅出,分析透彻明了,并配有大量国内外最新的图片资料加以说明,力求使本书具有鲜明的专业性和时代性。

本书既可作为艺术设计相关专业的教材,又可作为年轻的室内设计人员和设计爱好者的一本较好的参考读物。

**图书在版编目(CIP)数据**

居住空间设计实例教程/肖友民主编. —北京:清华大学出版社,2023.6 (2025.1 重印)
高等教育艺术设计系列教材
ISBN 978-7-302-63665-6

Ⅰ.居… Ⅱ.肖… Ⅲ.住宅—室内装饰设计—高等学校—教材 Ⅳ.①TU241

中国国家版本馆 CIP 数据核字(2023)第 101465 号

责任编辑:张龙卿
封面设计:徐巧英
责任校对:李 梅
责任印制:沈 露

出版发行:清华大学出版社
　　　网　　　址:https://www.tup.com.cn,https://www.wqxuetang.com
　　　地　　　址:北京清华大学学研大厦 A 座　　　　邮　　编:100084
　　　社 总 机:010-83470000　　　　邮　　购:010-62786544
　　　投稿与读者服务:010-62776969,c-service@tup.tsinghua.edu.cn
　　　质量反馈:010-62772015,zhiliang@tup.tsinghua.edu.cn
　　　课件下载:https://www.tup.com.cn,010-83470410
印 装 者:三河市龙大印装有限公司
经　　销:全国新华书店
开　　本:210mm×285mm　　　印　　张:9　　　字　　数:247 千字
版　　次:2023 年 7 月第 1 版　　　印　　次:2025 年 1 月第 2 次印刷
定　　价:69.00 元

产品编号:102065-01

# 前　言

居住空间设计实例教程

习近平总书记在党的二十大报告中指出：教育、科技、人才是全面建设社会主义现代化国家的基础性、战略性支撑。必须坚持科技是第一生产力、人才是第一资源、创新是第一动力,深入实施科教兴国战略、人才强国战略、创新驱动发展战略,这三大战略共同服务于创新型国家的建设。

居住空间设计是指根据住宅建筑的使用性质、所处环境和相应标准,运用技术手段和建筑美学原理,创造功能合理,并满足人们物质和精神生活需要且舒适优美的室内空间环境。这一空间环境既具有使用价值,满足相应的功能需求,同时也反映了历史文脉、建筑风格、环境气氛等因素,满足人们的精神需求。居住空间设计涉及范围较广,包括结构施工、材料设备、造价标准、造型艺术等。

我国正处于一个家居住宅装饰装修大发展的时期,近年来每年竣工的城镇住宅面积约占全球的一半。家居住宅装饰装修直接与居住者有密切的关系,如何进行住宅的室内空间设计才能使人们获得精神上的满足和美的享受,是目前广大室内设计师和室内设计爱好者首先需要解决的问题。

经济的发展,为室内设计提供了前所未有的历史发展机遇。建筑装饰行业的发展以及城市化进程的加快,加大了社会对室内设计人才的需求。但是目前室内设计人才的培养及培训工作相对滞后,行业人才素质相对偏低,这种状况是由于中国室内设计起步比较晚,室内设计市场混乱等原因造成的。随着中国室内设计市场的日趋完善以及人们对高质量生活的追求,要求设计人才必须经过系统的训练,具备一定的实践经验,才能设计出满足用户需求的住宅。只有把室内设计作为长期发展的目标,才能使我国的室内设计向一个良好的方向发展。

笔者在高校从事居住空间设计的研究、教学及实践工作已经多年,在住宅的绿色设计方面积累了较多的经验和心得,近年来陆续在相关学术

刊物上发表过多篇涉及居住空间设计各个方面的研究心得及调研活动的成果。本书的编写是对自己近年来居住空间设计教学及研究工作的一个阶段性总结，也希望为推动我国居住空间设计的发展，以及为室内设计师的培养做出一点贡献。

本书的编写和改版得到了广大同行的大力支持，特别是杭州至悦空间设计有限公司、深圳市朗昇环境艺术设计有限公司、湖南新思域装饰设计有限公司、广西南宁华尔兄弟设计工程有限公司提供了很多设计资料并参与了部分章节的编写。

本书由肖友民担任主编，马玉兰、周梦琪、郑春烨、危学敏、窦紫烟担任副主编，赵磊、于潇、王珊、杨强、徐杰等人也参与了部分内容的编写工作，在此深表感谢。另外，由于本书参考了大量的图片，有些图片无法联系到作者，在此深表歉意并致谢！

由于时间仓促，水平有限，不足之处敬请广大专家和同仁批评指正。

编　者

2023年2月

# 目　录

居住空间设计实例教程

# 第1章  居住空间设计风格

## 1.1  新中式风格

近年，一种叫作"新中式"的装饰风格逐渐受到人们的喜爱。新中式风格是通过对传统文化的认识，将现代元素和传统元素结合在一起，以现代人的审美需求来打造富有传统韵味的事物，让传统艺术的脉络传承下去。新中式风格是中国传统风格文化意义在当前时代背景下的演绎，是对中国当代文化充分理解基础上的当代设计，如图 1-1 ～图 1-3 所示。

图  1-1

图　1-2

图　1-3

图　1-4

图　1-5

## 1.1.1　新中式风格的历史渊源

新中式风格主要包括两方面的基本内容：一是中国传统风格文化意义在当前时代背景下的演绎，二是对中国当代文化充分理解基础上的当代设计。新中式风格不是纯粹的元素堆砌，而是通过对传统文化的认识，将现代元素和传统元素结合在一起，以现代人的审美需求打造富有传统韵味的事物，让传统艺术在当今社会得到合适的体现，如图1-4和图1-5所示。

## 1.1.2　新中式风格的特点

中式风格的设计古朴典雅，能反映出强烈的民族文化特征，让人一看就容易理解其文化内涵，特别是对中国人，更有一种亲和力。但过于纯粹的古典设计难免单调乏味，一味地照搬古代的设计范例，往往达不到好的效果。毕竟室内设计不同于古

玩收藏，照搬照抄只会使设计看上去烦琐重叠，老气横秋。将古典语言以现代手法诠释，融入现代元素，注入中式的风雅意境，使空间散发着淡然悠远的人文气韵，这才是目前广受欢迎的新中式风格。新中式风格的家居设计是在室内空间造型、色调以及家具陈设等方面吸取传统装饰"形""神"的特征，以传统文化内涵为设计元素，革除传统家具的弊端，去掉多余的雕刻并结合现代家具的舒适，根据不同户型的居室，采取不同的布置。中式风格是以宫廷建筑为代表的中国古典建筑的室内装饰设计艺术风格，气势恢宏，雍容华贵，高空间，大进深，雕梁画栋，金碧辉煌，造型讲究对称。新中式风格延续了中国古典装修的美感，独具匠心的设计师将中国古典建筑装修风格进行改进，更加重视空间层次感和文化氛围，讲究运用线条表达情感，追求实用性和舒适性。

### 1．新中式风格的空间结构

从室内空间结构来说，以木构架形式为主，彰显主人的成熟稳重。中式建筑的组合方式信守均衡

对称的原则,主要的建筑在中轴上,次要的建筑分列两厢,不论住宅、官署、宫殿、庙宇,原则都是相同的。而其四平八稳的建筑空间,则反映了中国的社会伦理观念,如图 1-6 和图 1-7 所示。

🏠 图　1-6

🏠 图　1-7

## 2. 新中式风格使用的材料

中式建筑的另一特色是以木材结构为主的间架。中国自数千年前即使用木材,发明了抬梁间架。因为木质象征生命,而中国文化强调生命的感觉,因此这种特色一直保留至今没有改变。例如

有些大堂虽然建筑材质并不是木结构的,但其正气威严的形象正是源于中式的建筑理念。新中式风格还常用丝、纱、织物、壁纸、玻璃、仿古瓷砖、大理石做装饰等,如图 1-8 和图 1-9 所示。

🏠 图　1-8

🏠 图　1-9

## 3. 新中式风格的色彩

中式家具和饰品往往颜色深,或者非常艳丽,在房间布局时需要对空间的整体色彩进行通盘考虑。比如,紫檀木笔筒的颜色较深,而且质感独特,如果与周围环境不"搭调",就很难有好的装饰效果。中式装修讲究的是"原汁原味"和非常自然和谐的搭配。如果只是简单的构思和摆放,其后期的效果将大打折扣。装饰的色彩一般会用到棕色,这种颜色特别古朴、自然,但如果房屋整个色调都是棕色,就会给人压抑的感觉,所以灯光的设计调节也相当重要,如图 1-10 和图 1-11 所示。

图 1-10

### 1.1.3 新中式风格家居装修的原则

**1. 空间层次多**

中国传统居室非常讲究空间的层次感。这种传统的审美观念在新中式装饰风格中又得到了全新的阐释。依据住宅使用人数和私密程度的不同，需要做出分隔的功能性空间，则采用"垭口"或简约化的"博古架"来分隔；在需要隔断视线的地方，则使用中式的屏风或窗棂，通过这种新的分隔方式，单元式住宅就可以展现出中式家居的层次之美。而这种隔断的目的并不在于要把空间切断，而是一个过渡、一个提醒、一个指示，常常"隔而不断"。碧纱橱、屏风、博古架、帷幕不但用来发挥"隔而不断"的作用，还有很强的装饰性，如图1-12和图1-13所示。

**2. 复古元素不能简单堆砌**

新中式装修并不是传统文化的复古装修，而是在现代的装修风格中融入古典元素。它不是简单堆砌，而是设计师根据经验而驾驭设计元素的能力，以及对所面对的业主的深度分析后得出的一套量身定做的方案，如图1-14和图1-15所示。

图 1-11

图 1-12

居住空间设计实例教程

图 1-13

### 3. 直线装饰出新意

在"新中式"装饰风格的住宅中，空间装饰相对采用简洁、硬朗的直线条，而且有些家庭还会采用具有西方工业设计色彩的板式家具，搭配中式风格来使用。直线装饰在空间中的使用不仅反映出现代人追求简单生活的居住要求，更迎合了中式家具追求内敛、质朴的设计风格，使新中式风格家居装饰更加实用，更富现代感，如图 1-16 和图 1-17 所示。

图 1-16

图 1-14

图 1-17

### 4. 雕梁画栋不能滥用

传统中式风格的设计重视梁柱的精雕细琢，使得空间金碧辉煌。新中式风格可以摒弃繁杂的造型，只做局部点缀即可。室内空间设计中大量使用由装修工人制作的"假古董"，只会让人觉得俗不可耐，甚至会给人以不伦不类的感觉。在表现新中式风格时，要重视中式文化的含蓄表达，避

图 1-15

第 1 章　居住空间设计风格

5

免生搬硬套地使用中式元素,如图 1-18 和 1-19
所示。

🛡️ 图 1-18

🛡️ 图 1-19

### 5.室内装饰丰富

新中式风格非常讲究对装饰细节的考究,尤
其在面积较小的住宅中,往往可以达到"步移景
异"的装饰效果。像窗棂、砖雕、门礅等这些传统
住宅中的建筑构件经常被设计师用来做局部的装
饰,以展现中国传统艺术的永恒美感。采用新中
式来做住宅的设计风格,人们也会在空间中摆放
大量的装饰品。这些装饰品包括数量繁多的绿色
植物、布艺、装饰画,以及不同样式的灯具等,但
空间中的主体装饰物还是以中国画、宫灯和紫砂
陶等中国传统饰物为主,如图 1-20 和图 1-21
所示。

🛡️ 图 1-20

🛡️ 图 1-21

## 1.2 简约风格

简约起源于现代派的极简主义。极简主义以塑造唯美的、高品位的风格为目的,摒弃一切无用的细节,保留生活原本、纯粹的部分。在室内环境设计上追求简洁明快,线条上力求利落,色彩也从华丽转变成了优雅。简约风格是简单而有品位的,这种品味体现在设计上对细节的把握,如图1-22～图1-24所示。

图 1-24

### 1.2.1 简约风格的历史渊源

简约风格源自西方20世纪60年代兴起的"现代艺术运动"。它运用新技术、新材料建造适应现代生活的居室内环境,重视居室内空间的使用效能,强调室内布置按功能区分的原则。家具布置与空间密切配合,以简洁明快为主要特点,主张摒弃多余的、烦琐的附加装饰,在色彩和造型上追随流行时尚,如图1-25和图1-26所示。

图 1-22

图 1-25

图 1-23

图 1-26

## 1.2.2　简约风格的特点

简约主义风格的特点是将设计的元素、色彩、照明、原材料简化到最少的程度,但对色彩、材料的质感要求很高。现代人节奏快、频率高、满负荷,已让人到了无可复加的地步。人们在日趋繁忙的生活中,渴望能彻底放松,能以简洁和纯净的空间来调节精神,这是人们在互补意识支配下所产生的亟须摆脱烦琐、复杂,并追求简单和自然的心理。因此,简约的空间设计通常非常含蓄,往往能达到以少胜多、以简胜繁的效果。以简洁的表现形式来满足人们对空间环境那种感性的、本能的和理性的需求,是当今国际社会流行的设计风格——简洁明快的简约主义。

### 1. 空间

无论房间多大,室内环境一定要显得宽敞,不需要烦琐的装饰和过多家具,在装饰与布置中最大限度地体现空间与家具的整体协调。造型方面多采用几何结构,这就是简约风格。简约风格不是简单的摆放,它是经过深思熟虑后创新得出的设计和思路的延展,室内墙面、地面、顶棚以及家具陈设乃至灯具器皿等均以简洁的造型、纯洁的质地、精细的工艺为特征,如图1-27和图1-28所示。

🎨 图　1-27

🎨 图　1-28

### 2. 功能

简约风格主张在有限的空间内发挥最大的使用功能。家具选择上强调让形式服从功能,一切从实用主义出发,摒弃多余的附加装饰,以简约为主。简约的背后也体现了一种现代生活中的消费观,即注重生活品位,注重健康时尚,注重合理节约,要科学化消费。其实,有些装修设计的"风格"是完全没有必要的,要将设计元素、色彩、照明、原材料简化到最少的程度,而且涉及的元素越多,带来的隐患也越多。比如,近几年因环境外部因素致病的比例逐渐上升,很多确实是与不合理、不科学的装修设计有关的,所以应提倡简约的消费观,如图1-29和图1-30所示。

🎨 图　1-29

### 3. 色彩

现代简约风格的色彩是以几何线条为主装饰,色彩明快活跃,家具简洁流畅,以波浪、架廊式挑板

图　1-30

或装饰线、带、块等异型屋顶为特征。室内环境的色彩不在于多，而在于合理搭配。过多的颜色会给人以杂乱无章的感觉。在现代简约风格中多使用一些明净的色调进行搭配，这样家具造型和空间布局才会给人耳目一新的惊喜。黑色、银色、灰色能展现出现代风格的明快及冷调，表现出现代简约风格的简单，如图1-31和图1-32所示。

图　1-31

图　1-32

### 4．材质

充分了解材料的材质与性能，注重材质的环保性。新技术和新材料的合理应用是至关重要的一个环节，在人与空间的组合中反映出流行与时尚，才更能够代表现代生活的多变。简约不仅仅是一种生活方式，更是一种生活哲学。室内应选用简洁的工业产品，金属是工业化社会的产物，也是体现简约风格最有力的手段，各种不同造型的金属灯，都是现代简约派的代表产品。大量使用钢化玻璃、不锈钢等新型材料作为辅材，也是现代风格家具的常见装饰手法，能给人带来前卫、不受拘束的感觉。由于线条简单、装饰元素少，现代风格家具需要完美的软装配合，才能显示出美感。例如，沙发需要靠垫，餐桌需要餐桌布，床需要窗帘和床单陪衬，软装到位是现代风格家具装饰的关键。

### 5．软装饰物

简约风格注重实用功能，以"少就是多"为指导思想，强调室内空间形态和构件的单一性、抽象性，追求材料、技术、空间的表现深度和精确。金属、线条和玻璃是简约风格家居中常见的装饰元素，常在客厅茶几配套上进行表现。装饰画以黑色、白色、灰色、金色为主色调，很少大面积选择纯度较高的色彩。布艺装饰选择几何图案或简单大方的线条图案，例如，地毯和窗帘常选择单色或具有几何图案的色块来搭配。家具选择则重视家具的多功能性和实用性，如图1-33和图1-34所示。

🎨 图　1-33

🎨 图　1-34

### 1.2.3　简约的设计手法

　　简约并不是缺乏设计要素,它是一种更高层次的创作境界。简约就是线条简练,造型整洁,同时也是浪漫的怀旧气息与前卫风格的完美结合。试想,清雅、自然的设计作品通过几个块面的穿插组合,几个点线就概括了一切复杂的形式,一气呵成,生动简明。将实用而又时尚的简约风格与独立、自我的个性融合在一起,让洋溢着温馨的生动和流淌着美丽的质感,借着装饰材料的衬托演绎着各自的风韵,这样我们才能在简明轻快的现代生活环境中彰显时尚个性,才能品味优雅的生活,如图 1-35所示。

　　在室内设计方面,不是要放弃原有建筑空间的规矩和朴实,去对建筑载体进行任意装饰,而是在设计上更加强调功能,强调结构和形式的完整,更加追求材料、技术、空间的表现深度与精确。在满足功能需要的前提下,将空间、人及物进行合理精致的组合;用最精练的笔触描绘出最丰富动人的空间效果,这是设计艺术的最高境界。空间是室内的根本,是简约设

计的主要构成元素。充分运用空间的层次光影,运用空间的交错组织,将空间与形式有机地结合,才能表现出空间的构想与魅力,才能创造出新意念。用简约的手法进行室内创造,更需要设计师具有较高的设计素养与实践经验;需要设计师深入生活,反复思考,仔细推敲,精心提炼,从而运用最少的设计语言,表达出最深的设计内涵。删繁就简,去伪存真,以色彩的高度凝练和造型的极度简洁进行室内设计的创造,如图 1-36 所示。

🎨 图　1-35

🎨 图　1-36

## 1.3　现代风格

　　现代风格比较流行,追求时尚与潮流,非常注重居室空间的布局与使用功能的完美结合。以简洁明快为主要特色,重视室内空间的使用效能,强调室内布置应按功能区分的原则进行,家具布置与空间密切配合,如图 1-37 ～图 1-39 所示。

🈯 图　1-37

🈯 图　1-38

🈯 图　1-39

### 1.3.1　现代风格的历史渊源

现代主义一词最早出现在西班牙作家德·奥尼斯 1934 年的《西班牙与西班牙语类诗选》一书中。现代风格起源于 1919 年成立的包豪斯学派。该学派当时所处的历史背景,强调突破旧传统,创造新建筑,重视功能和空间组织,注意发挥结构构成本身的形式美;造型简洁,反对多余装饰,崇尚合

理的构成工艺;尊重材料的性能,讲究材料自身的质地和色彩的配置效果;发展了非传统的以功能布局为依据的不对称的构图方法。现代风格由于把功能置于首位,故又称为功能主义风格;又因为很快风靡世界各地,因此又称为国际风格。因其忽视设计的艺术性、地方性和民族性,所以易导致千篇一律的形式,如图 1-40 和图 1-41 所示。

🈯 图　1-40

🈯 图　1-41

### 1.3.2　现代风格的分类

#### 1. 现代中式风格

快节奏的生活,使现代风格大行其道。但有些人不满足于现代风格底蕴的苍白,想赋予其一定的文化内涵;部分接受传统中式风格的人也不满足其复杂烦琐和功能上的缺陷,想在保持韵味的情况下对其进行改变,于是,现代中式风格就产生了。现代中式风格的设计,并不是简单的两种风格的合并或其中元素的堆砌,而是要认真推敲,从功能、美观、文化含义、协调等方面综合考虑,从现代人的经济、生活需求出发,运用传统文化和艺术内涵,或者对传统的元素作适当的简化与调整,对材料、结构、工艺进行再创造,这样设计出来的作品才会是一个成熟

的作品,如图 1-42 和图 1-43 所示。

图　1-42

图　1-43

## 2. 现代西式风格

现代西式风格目前还是国内社会普遍可以接受的,大量西方的设计理念融入其中。色彩主要以低纯度和高明度为主,有层次感但不跳跃,处处讲究华丽舒适,线条简洁、大方、流畅,不做过多的修饰,如图 1-44 和图 1-45 所示。

图　1-44

图　1-45

## 3. 现代简约风格

现代简约风格装饰特点由曲线和非对称线条构成,如花梗、花蕾、葡萄藤、昆虫翅膀以及自然界各种优美、波状的形体图案等,体现在墙面、栏杆、窗棂和家具等装饰上。线条有的柔美雅致,有的道劲而富于节奏感,整个立体形式都与有条不紊的、有节奏的曲线融为一体。大量使用铁制构件,将玻璃、瓷砖等新工艺,以及铁艺制品、陶艺制品等综合运用于室内,如图 1-46 和图 1-47 所示。

图　1-46

图　1-47

### 1.3.3 现代风格的特点

#### 1. 色彩

现代风格空间设计时,色彩运用丰富,意在展现设计者的设计语言。高纯色的大量运用大胆而灵活,不但是对现代风格家居的遵循,而且是个性的展示。设计中加入金属色和钢化玻璃材料原色,是现代风格家具的常见装饰手法,给人带来前卫而不受约束的感觉。现代风格设计时,根据房间的光照情况搭配不同的颜色。例如,光照充足的客厅,运用蓝色、绿色等冷色调;光线不足的客厅,选用奶黄色、橙色等暖色调,如图1-48所示。

图 1-48

#### 2. 材料

现代风格设计尊重材料的性能,讲究材料自身的质地和色彩的配置效果。材料选择不局限于石材、木材、面砖等天然材料,选择范围扩展到金属、涂料、玻璃、塑料以及合成材料,并且重视材料之间的结构关系。现代风格在造型设计上追求简单而不烦琐的效果,用减法的方式突出居室环境的功能性。例如,一间现代风格的居室利用不规则墙面形成壁面家具,同时这一墙面也起到美化居室的作用。地面、天花板均朴素、淡雅,无多余饰物,显得简洁、舒适、大方,令人赏心悦目,如图1-49所示。

#### 3. 灯光

现代风格设计中,强调光环境的概念。在室内空间中,灯的外形设计可能并不能引起你的注意,而当天黑下来时,灯光的组合设计营造出特殊的光环境空间,光影效果给使用者带来很多联想的空间。灯在设计时常常被隐藏起来,但光营造的环境

却体现出独特的设计概念。常见灯具包括云石灯片、筒灯、射灯、LED,如图1-50和图1-51所示。

图 1-49

图 1-50

图 1-51

### 4．造型

以简洁的直线型为主，在色彩简洁的环境中，造型多采用穿插、错落的手法以丰富空间，实现光、影以及造型与建筑的统一，造型中不采用较复杂的装饰。喜欢简单生活方式的人，不妨在装修时考虑一下现代装饰的风格，如图1-52和图1-53所示。

图 1-52

图 1-53

### 5．家具

现代家具主要分板式家具和实木家具。板式家具简洁明快、新潮，布置灵活、价格容易选择，是家具市场的主流。实木家具是指所有面板材料都是未经再次加工的天然材料，不使用任何人造板制成的家具，这样更加环保。现代风格空间中，家具选择以简洁大方为主，不选择造型复杂的家具。家具更重视其功能性和实用性，如图1-54和图1-55所示。

图 1-54

图 1-55

## 1.4　其他风格

一种典型的居住空间设计风格的形式，通常和当地的人文因素和自然条件密切相关，又兼有创作者的设计构思。居住空间设计的其他风格主要为传统风格、欧式风格、后现代风格、自然风格、工业风格以及混合型风格等。

### 1.4.1　传统风格

传统风格的室内设计，是在室内布置、线形、色调以及家具、陈设的造型等方面吸取了传统装饰

"形""神"的特征,以传统文化内涵为设计元素。

　　传统中式风格的图案多以山水、鸟兽和龙等为元素,设计精雕细琢,瑰丽绝美。传统中式风格在造型上以中国明清古典传统家具为主,具有对称美、简约美、朴素美等特点,体现了家居主人的闲情雅致和社会地位,以及丰厚的文化底蕴,如图1-56所示。

🔰 图　1-56

　　传统欧式风格是欧洲各国传统文化的表达,常称为欧式古典风格。传统的欧式风格是一种追求华丽、高雅的欧洲古典主义,典雅中透着高贵,深沉里显露豪华,具有很强的文化感受和历史内涵。欧式古典风格多用带有图案的壁纸、地毯、窗帘、床罩、帐幔以及古典式装饰画或物件;为体现华丽的风格,家具、门、窗大多漆成白色,家具、画框的线条部位饰以金线、金边。欧式古典风格可分为罗马式、哥特式、巴洛克样式、洛可可式,如图1-57所示。

🔰 图　1-57

　　除此以外,传统风格还包括传统日式风格、印度传统风格、伊斯兰传统风格、北非城堡风格等。

传统风格常给人们以历史延续和地域文脉传承的感受,它使室内环境突出了民族文化渊源的形象特征,如图1-58和图1-59所示。

🔰 图　1-58

🔰 图　1-59

## 1.4.2　欧式风格

　　欧式的居室有的不只是豪华大气,更多的是惬意和浪漫。通过完美的点线及精益求精的细节处理,带给家人极大的舒适感,实际上和谐是欧式风格的最高境界。另外,欧式装饰风格十分适合大面积的房子,若空间太小,不但无法展现其风格气势,反而对居住者造成一种压迫感。当然,还要具有一定的美学素养,才能善用欧式风格,否则只会弄巧成拙。欧式风格在人们的概念中最典型的就是希腊、罗马柱式结构。一看到欧式建筑，首先就让人想到多立克、爱奥尼克、科林斯三大柱式。其实，欧式风格范围较广，从历史发展的角度看，就有古代希腊风格、罗马古典风格、哥特式风格、巴洛克风格、洛可可风格以及后来多样化发展的风格。随着时代的发展，欧式风格有较多的表现手法，但基本特征还是以古典柱式为中心，如图 1-60 和图 1-61 所示。

图 1-60

图 1-61

欧式风格拥有纯粹而艳丽的色彩、自然的几何图案，游走于古典与现代中间，张扬却不夸张，处处流淌着让人割舍不掉的贵族情结，既符合现代人的生活方式和习惯，又极具古典韵味和气质。欧式风格强调以华丽的装饰、浓烈的色彩、精美的造型达到雍容华贵的装饰效果。欧式客厅顶部常用大型灯池，并用华丽的枝形吊灯营造气氛；门窗上半部多做成圆弧形，并用带有花纹的石膏线勾边；空间入口处多竖起豪华的罗马柱，室内则设有壁炉或设计壁炉造型；墙面采用壁纸或优质乳胶漆，以烘托豪华效果；地面材料以石材或木地板为佳；欧式客厅常用家具和软装饰来营造整体效果；深色的橡木或枫木家具，色彩鲜艳的布艺沙发，都是欧式客厅里的主角。另外，浪漫的罗马帘、精美的油画、制作精良的雕塑工艺品，都是丰富欧式风格不可缺少的元素，如图 1-62 和图 1-63 所示。

图 1-62

图 1-63

欧式风格来自于欧罗巴洲,主要有法式风格、意大利风格、西班牙风格、英式风格、地中海风格、北欧风格等几大流派。由于受到空间面积限制,近些年,居住者更喜爱北欧风格。北欧风格具有简约、实用、自然、人性化的特点,体现出对传统的尊重、对自然材料的欣赏、对形式和装饰的克制,并力求在形式和功能上保持统一。室内设计时,空间顶、墙、地三个面很少使用复杂的纹样和图案进行装饰,只用线条、色块来区分点缀。家具设计方面,舍弃了雕花和纹饰,强调简洁、功能化和贴近自然。北欧风格和传统欧式比较,北欧风格更像是简约版的欧式风格,如图1-64和图1-65所示。

图 1-64

图 1-65

### 1.4.3 后现代风格

后现代主义一词最早出现在西班牙作家德·奥尼斯于1934年写作的《西班牙与西班牙语类诗选》一书中,用来描述现代主义内部发生的逆动,特别有一种现代主义纯理性的逆反心理,即为后现代风格。20世纪50年代,美国在所谓现代主义衰落的情况下,也逐渐形成后现代主义的文化思潮。受20世纪60年代兴起的大众艺术的影响,后现代风格是对现代风格中纯理性主义倾向的批判。后现代风格强调建筑及室内装潢应具有历史的延续性,但又不拘泥于传统的逻辑思维方式,探索创新造型手法,讲究人情味,常在室内设置夸张、变形的柱式和断裂的拱券,或把古典构件的抽象形式以新的手法组合在一起,即采用非传统的混合、叠加、错位、裂变等手法和象征、隐喻等手段,以期创造一种融感性与理性、集传统与现代、结合大众与行家于一体的"亦此亦彼"的建筑形象与室内环境。对后现代风格不能仅以所看到的视觉形象来评价,需要我们透过形象从设计思想来分析,如图1-66~图1-69所示。

图 1-66

图　1-67

图　1-68

图　1-69

## 1.4.4　自然风格

自然风格室内设计强调家居设计中推崇回归自然，将自然、乡土风味整合成新的空间形式，也称为田园风格、乡村风格或灰色派。自然风格力求表现悠闲、舒畅、自然的生活情趣。在自然风格里，粗糙和破损是允许的，因为那样更接近自然。自然风格倡导生态、绿色理念，美学上推崇自然环境融入空间设计，认为只有崇尚自然，结合自然保护，才能在当今高科技、快节奏的社会生活中获取生理和心理的平衡。随着生活节奏的加快，人们的生活快速而拥挤，渴望回归自然的心理日趋迫切，于是自然主义成了人们心中放松与回归的代名词，如图 1-70 和图 1-71 所示。

图　1-70

图　1-71

自然风格采用自然元素，会将材料的原始颜色直白地运用到设计中。材料选择时，常运用天然木材、石材、藤、竹、织物等朴素材质。通过材质的纹理创造自然、简朴、高雅的氛围，如图 1-72 和图 1-73 所示。

图 1-72

图 1-73

## 1.4.5 工业风格

工业风格起源于19世纪末,是工业革命爆发后,以工业化大批量生产为背景发展起来的。最早是将废旧的工业厂房或仓库改建成兼具居住功能的艺术家工作室,这种宽敞开放的LOFT空间的内部装修往往保留了原有工厂的部分风貌。之后,这类有着复古和颓废艺术范儿的格调成为一种风格,如图1-74所示。

图 1-74

工业风格给人的印象是具有冷峻、硬朗、开放、复古、个性的特点,常采用黑白灰色系作为设计主色调。装饰材料追求保留材料本身原始的质感,常见装饰材料包括金属、玻璃、砖、水泥、石头。工业风格的墙面多保留原有建筑的部分容貌,比如,墙面采用砖块设计、涂料装饰或水泥,以强调空间的工业感。工业风格的地面常用水泥自流平进行处理,有时会用补丁来表现自然磨损的效果。工业风格的室内设计讲究空间之间的连通性,各个空间之间可用金属进行阻隔,而没有独立的门。所以在进行工业风格的装修设计中,一定要把握"空门大开"的设计原理,将门的数量尽量减少,避免设置不必要的阻隔。如果必须设计门,也可以选择以金属边框构成空门。室内的燃气管道、灯具管道或者空调设备管道常常会被保留下来,如图1-75所示。

图 1-75

## 1.4.6 混合型风格

近年来,建筑室内外设计在总体上呈现出多元化,出现了兼容并蓄的状况。室内布置中既趋于现代实用,又吸取传统的特征。例如,传统的屏风、摆设和茶几配以现代风格的墙面及门窗装修,新型的沙发、欧式古典的琉璃灯具和壁面装饰配以东方传统的家具和埃及的陈设、小品等。混合型风格虽然在设计中不拘一格,运用了多种元素,但设计时仍然要匠心独具,深入推敲形体、色彩、材质等方面的总体构图和视觉效果,如图1-76和图1-77所示。

图 1-76

图 1-77

练习题

请分析室内设计风格的成因。

# 第2章 居住空间设计程序

**本章要点**

室内设计根据设计的进程通常可以分为四个阶段，即设计准备阶段、方案设计阶段、施工图设计阶段和设计实施阶段。设计准备阶段要搜集大量资料，进行归纳整理；方案设计阶段要提出一个合理的初步设计概念；施工图设计阶段要进行实地的考察和详细测量，将方案设计从大到小逐步落实到实际图纸上；设计实施阶段是工程的施工阶段，要进行具体的施工建设。

## 2.1 居住空间设计的方法

居住空间设计是根据建筑物的使用性质、所处环境和相应标准，运用技术手段和建筑美学原理，创造功能合理、舒适优美，并满足人们物质和精神生活需要的室内环境。这一空间环境既具有使用价值，满足相应的功能需求，同时也反映了建筑风格、环境气氛、个人审美、价值取向等精神因素。

上述含义中，明确地把"创造满足人们物质和精神生活需要的室内环境"作为室内设计的目的，即以人为本，一切围绕为人的生活、生产活动创造美好的室内环境，如图2-1和图2-2所示。

🎨 图 2-1

目前，有一些室内设计师将设计当作艺术品，喜欢表现自我意识，想创作出一鸣惊人的作品，大谈创造的个性。个性在一定程度上体现了作品的唯一性。有些作品为了吸引人的眼球，造型怪异，这不是在做创新，而是在做"鬼脸"，想用一张不

🏫 图 2-2

应特别重视对人体工程学、环境心理学、审美心理学等方面的研究,科学深入地了解人的生理特点、行为心理和视觉感受等方面对居住空间设计的要求。

🏫 图 2-3

同的"脸"来引起他人的注意。设计绝不是天马行空,对于设计者来说,虽然需要了解个性在艺术创作中的价值,但首先要了解设计的共性问题,如大量的技术规范、功能的基本要求、设计的普遍规律、正确的表现方法,特别是要合乎主人的审美情趣。当然,设计不是简单的附和,而是将主人的审美情趣加以提炼和升华,这是大家必须共同遵守的设计规则,不能越过这一问题来谈个性,谈创造。下面着重从设计者的思考方法来分析室内设计的方法,主要有以下几点。

**1. 整体规划,局部着手,总体与细部深入推敲**

居住空间设计应考虑基本观点,要有整体规划,这样在设计时思考的问题就较深入,着手设计的起点就较高,也就具备了设计的全局观念。现代室内设计需要满足人们的生理、心理等需求,需要在为人服务的前提下,综合解决使用功能、经济效益、舒适美观、环境氛围等多种要求。设计及实施的过程中还会涉及材料、设备、定额法规以及与施工管理的协调等诸多问题。可以认为,现代室内设计是一项综合性极强的系统工程,但是现代室内设计的出发点和归宿只能是为人和人际活动服务,如图 2-3 所示。

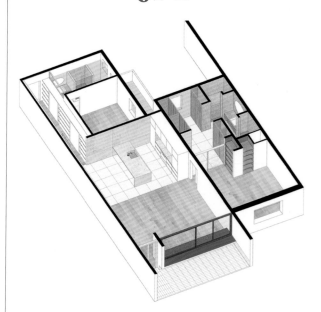

🏫 图 2-4

局部着手是指具体进行设计时,必须根据室内的使用性质,深入调查并收集信息,掌握必要的资料和数据,从最基本的人体尺度、人流动线、活动范围和特点、家具与设备等方面着手,如图 2-4 所示。

从为人服务这一功能基石出发,需要设计者细致入微、设身处地地为人们创造美好的居住环境,如图 2-5 和图 2-6 所示。因此,居住空间设计

🏫 图 2-5

🏠 图 2-6

针对不同的人、不同的使用对象，相应地考虑不同的要求。例如，儿童房的窗台，考虑到适合幼儿的身高，窗台高度由通常的 90～100cm 降至 55～65cm，楼梯踏步的高度也在 12cm 左右，并设置适合儿童和成人尺度的二档扶手；残疾人的居室要顾及残疾人通行和活动的方便性，在室内外高差、垂直交通、厕所盥洗等许多方面做无障碍设计；另外，还应针对老年人活动时反应较迟缓和行动不便等方面做出相应设计。上面的例子着重从儿童、残疾人、老年人等的行为及生理特点来考虑居住空间的设计，如图 2-7 所示。

🏠 图 2-7

### 2．从内到外、从外到内，局部与整体要协调统一

建筑师 A·依可尼可夫曾说过："任何建筑创作，应是内部构成因素和外部联系之间相互作用的结果"，也就是"从内到外、从外到内"。

居住空间的"内"，以及与这一内部空间连接的其他空间环境，直至建筑室外环境的"外"，它们之间有着相互依存的密切关系。设计时需要从内到

外、从外到内多次反复协调，务必使设计更加完善合理。居住空间设计需要与建筑整体的性质、标准、风格及室外环境相协调统一，如图 2-8 所示。

🏠 图 2-8

室内设计的"内"和室外环境的"外"是一对相辅相成、辩证统一的矛盾体。为了更深入地做好居室空间设计，就需要对环境整体有足够的了解和分析，着手于室内，但着眼于室外。当前室内设计的一大弊病是相互类同，较少体现创新和个性，对整体环境缺乏必要的了解和研究，从而使设计的依据流于一般，设计构思局限且封闭。总之，忽视环境与室内设计关系的分析也是存在问题的重要原因之一。

首先，居住空间包括室内空间环境、视觉环境、空气质量环境、声光热等物理环境、心理环境等许多方面，如图 2-9 所示。在居住空间设计时固然需要重视视觉环境的设计，但是不应局限于视觉环境，如近年来一些住宅的室内装修，在空间中过多地铺设陶瓷类地砖，也许是从美观和易于清洁的角度考虑而选用，但是从室内热环境来看，由于这类铺地材料的导热系数过大，给较长时间停留于空间中的人体带来不适。因此，设计者对室内声、光、热等物理环境、空气质量环境以及心理环境等因素也应非常重视，因为人们对室内环境是否舒适的感受总是综合的。一个闷热、噪声背景很高的室内，即使看上去很漂亮，呆在其中也很难给人一种愉悦的感受。

其次，把居住空间设计看成自然环境—城市环境—社区街坊，以及建筑室外环境—室内环境等环境系列的有机组成部分，它们相互之间有许多前因后果，或有相互制约和提示的因素存在。

图 2-9

### 3. 意在笔先或笔意同步，立意与表达并重

意在笔先原指绘画创作时必须先有立意，即深思熟虑，有了"想法"后再动笔，也就是说设计的构思、立意至关重要。可以说，一项设计，没有立意就等于没有"灵魂"，设计的难度也往往在于要有一个好的构思。例如，居住空间的功能设计、建筑周围的环境状况、项目的投资和单方造价标准的控制，这些往往需要足够的信息量，一个较为成熟的构思，需要有商讨和思考的时间，这就是意在笔先。当然，在具体设计时，也可以边动笔边构思，即笔意同步。在设计前期和出方案过程中使立意、构思逐步明确，但其中的关键仍然是要有一个好的构思。居住空间设计需要考虑的因素随着社会科技的进步、人们生活水平的提高及个体的审美水平的提升，必定还会有许多新的内容。对于从事居住空间设计的人员来说，虽然不可能对所有涉及的内容全部掌握，但是应尽可能熟悉不同的居室空间设计中的基本内容，了解与该居住空间设计关系密切、影响较大的各种因素，比如环境因素、业主的审美情趣和价值取向等。设计时既要主动和自觉地考虑各种因素，也要与业主相互协调、密切配合，有效地提高居住空间设计的内在环境质量，满足业主的需求，创造出优秀的居住空间设计作品，如图 2-10 所示。

图 2-10

## 2.2 居住空间设计的步骤

人的一生中绝大部分时间是在室内度过的，因此，人们设计创造的居住空间必然会直接关系到其室内生活、生产活动的质量，关系到人们的安全、健康、效率、舒适等。居住空间环境的设计应该把保障安全和有利于人们的身心健康作为首要前提。人们对于室内环境除了有使用安排及确定冷暖、光照等物质功能方面的要求之外，还常有与建筑物的类型、主人性格相适应的室内环境氛围，以及居室主人审美情趣等精神功能方面的要求，如图 2-11 所示。

图 2-11

从宏观来看，往往能从一个侧面反映相应时期社会物质和精神生活的特征，随着社会发展，历代室内设计总是有着时代的印记，从设计构思、施工工艺、装饰材料到内部设施，必定和当时社会的

物质生产水平、社会文化和精神生活状况联系在一起。在室内空间组织、平面布局和装饰处理等方面，总体来说，也与当时的美学观点、社会经济、民俗民风等密切相关。从微观的、个别的作品来看，室内设计水平的高低、质量的优劣又都与设计者的专业素质和文化艺术素养联系在一起，如图2-12～图2-14所示。至于各个单项设计最终实施后形成的品位，又和该设计具体的施工技术、用材质量、设施配置情况，以及与组织者的协调能力密切相关。设计是具有决定意义的关键环节和前提，但最终效果的好坏有赖于设计—施工—用材以及与业主关系的整体协调。

🏵 图　2-12

🏵 图　2-13

🏵 图　2-14

设计构思时，需要运用物质技术手段，即各类装饰材料和设施设备等，这是容易理解的；还需要遵循建筑美学原理，这是因为室内设计的艺术性除了与绘画、雕塑等艺术之间有共同的美学法则之外，更需要综合考虑居住空间设计的使用功能、结构施工、材料设备、造价标准、业主的审美价值取向等多种因素。居住空间的实际美学总是和实用、技术、经济等因素联结在一起。根据设计的进程，室内设计通常可以分为四个阶段，即设计准备阶段、方案设计阶段、施工图设计阶段和设计实施阶段。

## 2.2.1　设计准备阶段

设计准备阶段主要是接受委托任务书，签订合同，或者根据标书要求参加投标；明确设计期限并制订设计计划，确定进度安排，考虑各有关工种的配合与协调。应明确设计任务和要求，如居住空间的设计规模、功能特点、等级标准、总造价，并根据业主的要求确定所需创造的室内环境氛围、文化内涵或艺术风格等。应熟悉设计有关的规范和定额标准，收集分析必要的资料和信息，包括对现场的勘察。在签订合同或制定投标文件时，还包括设计进度的安排，设计费率标准的确定，即室内设计时向业主收取的设计费占室内装饰总投入资金的百分比。

## 2.2.2　方案设计阶段

方案设计阶段是在设计准备阶段的基础上，进一步收集、分析、运用与设计任务有关的资料与信息，确定构思立意，再进行初步方案设计，然后进行方案的分析与比较，直至确定初步设计方案，并提供设计文件。

设计者在进行方案设计前，应首先调查、收集与居住空间有关的资料，主要是从实地测量和了解业主的审美价值取向两方面入手。

（1）实地测量。主要包括测量居室空间的宽度、进深、层高、门窗的高宽、柱径等的准确尺寸。了解空间的承重结构状况。建筑物的结构变化直接影响居室空间设计方案的实施和深化，特别是对于只改造一部分或图纸资料不齐的空间建筑结构，对于结构的掌握显得更加重要。

（2）了解业主的审美价值取向。居住空间设计的目的是通过创造室内空间环境为人服务。设计者始终需要把人对室内环境的要求（包括物质功能和精神功能两方面）放在设计的首位。由于设计的过程中矛盾错综复杂，问题千头万绪，设计者需要清醒地认识到以人为本的重要性，应把确保业主的安全和身心健康，以及满足业主交际活动的需要作为设计的核心。为人服务这一平凡的真理，在设计时往往会因有意无意地从多项局部因素考虑而被忽视。这就要求设计者必须了解业主的背景资料、兴趣爱好、审美情趣，与业主沟通，想业主之所想，才能设计出业主所需要的居住空间。

有了实地测量的准确数据并了解了业主的审美后，居住空间设计方案可以从以下两方面入手。

### 1. 室内空间组织和界面处理

居住空间设计的空间组织包括平面布置（平面图常用比例为 1∶50 和 1∶100）。首先需要对建筑空间设计的意图充分理解，对居住空间设计的总体布局、功能分析、人流动向以及结构体系等有深入的了解，在空间实际设计时再对空间和平面布置予以完善、调整或再创造。也可以对空间进行改造或重新组织，这在当前的居住空间设计中是较为常见的。居住空间组织和平面布置，也必然包括对空间的各个界面的围合方式的设计。

居住空间界面处理，是指对居住空间的各个围合，包括地面、墙面、隔断、顶面等各界面的使用功能和特点的分析，以及对界面的形状、图形线脚、机理构成的设计，还包括界面和结构的连接构造，以及界面和风、水、电等管线设施的协调配合等方面的设计。

居室空间组织和界面处理是确定室内环境基本形体和线形的设计内容，设计时以物质功能和精神功能为依据，同时考虑相关的客观环境因素和主观的身心感受。

### 2. 室内采光、照明、色彩设计和材质的选用

正是由于有了光，才使人眼能够分清不同的建筑形体和细部。采光、照明是人们对外界视觉感受的前提。居住空间采光、照明是指居住空间的天然采光和人工照明。光照除了能满足正常的工作、生活环境的采光、照明要求外，光照和光影效果还能有效地起到烘托室内空间环境气氛的作用。

色彩是室内设计中最生动、活跃的因素。室内色彩会给人留下居住空间的第一印象。色彩最具表现力，通过人们的视觉感受产生的生理、心理和类似物理的效应，可形成丰富的联想、深刻的寓意和象征。

光影和色彩不能分离，除了光影和颜色以外，色彩还必须依附于界面、家具、室内织物、绿化等物体。室内色彩设计需要根据居室空间的使用性质、工作活动的特点、停留时间的长短等因素确定室内空间的主色调，然后选择适当的色彩配置。

材料质地的选用是室内空间设计中直接关系到实用效果和经济效益的重要环节，巧于用材是室内设计中的关键。饰面材料的选用同时具有满足使用功能和愉悦身心两方面的要求，例如坚硬、平整的花岗石地面，平滑、精巧的镜面饰面，轻柔、细软的室内纺织品，以及自然、亲切的本质面材等。

### 2.2.3 施工图设计阶段

施工图设计阶段除需要补充施工所必需的有关平面布置、室内立面和天花板等图纸外，还需要包括构造节点明细、细部大样图、设备管线图，以及编制施工说明。概括地讲，施工图通常包括以下内容。

①效果图，如图 2-15 所示；②平面图、线路或天花板图，常用比例为 1∶50 和 1∶100，如图 2-16 和 2-17 所示；③立面图，常用比例为 1∶20 和 1∶50，如图 2-18 所示；④细部大样图，如图 2-19 所示；⑤设备管线图，如图 2-20 所示。

◆ 图 2-15

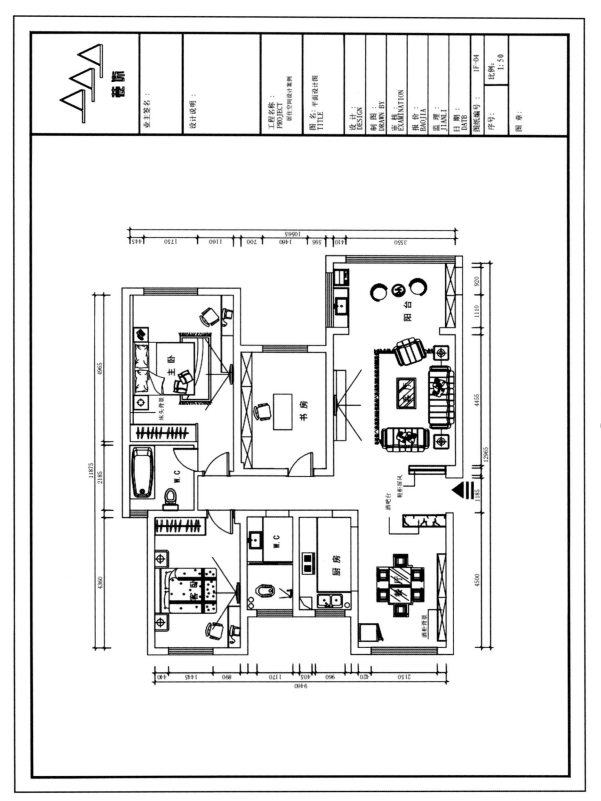

图 2-16

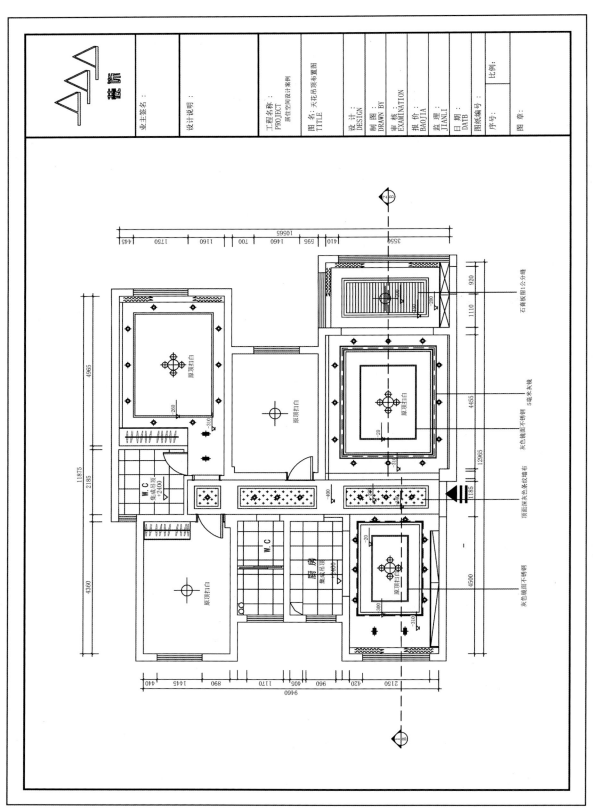

图 2-17

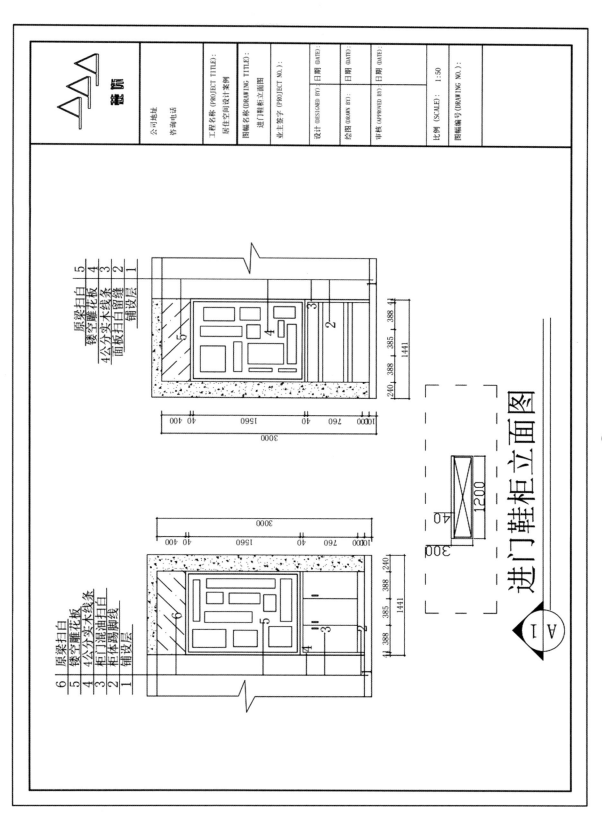

进门鞋柜立面图

A|1

第2章 居住空间设计程序

图 2-18

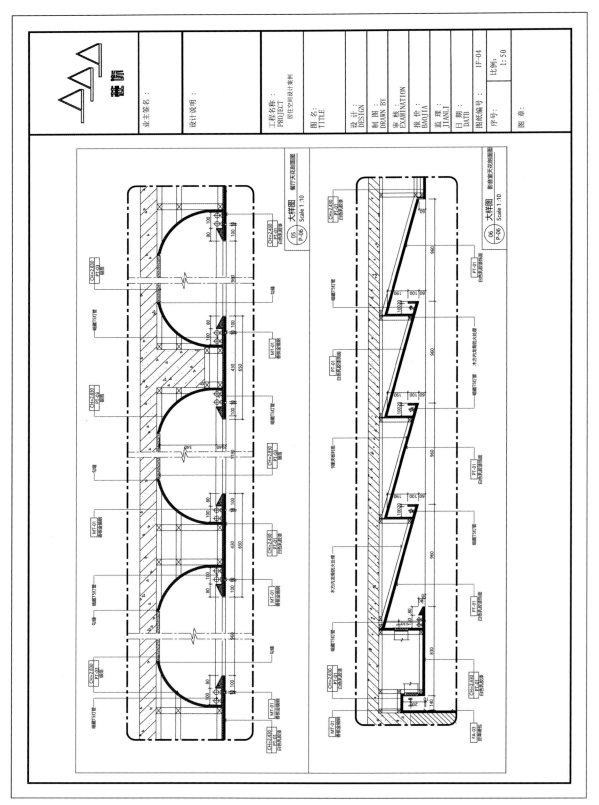

图 2-19

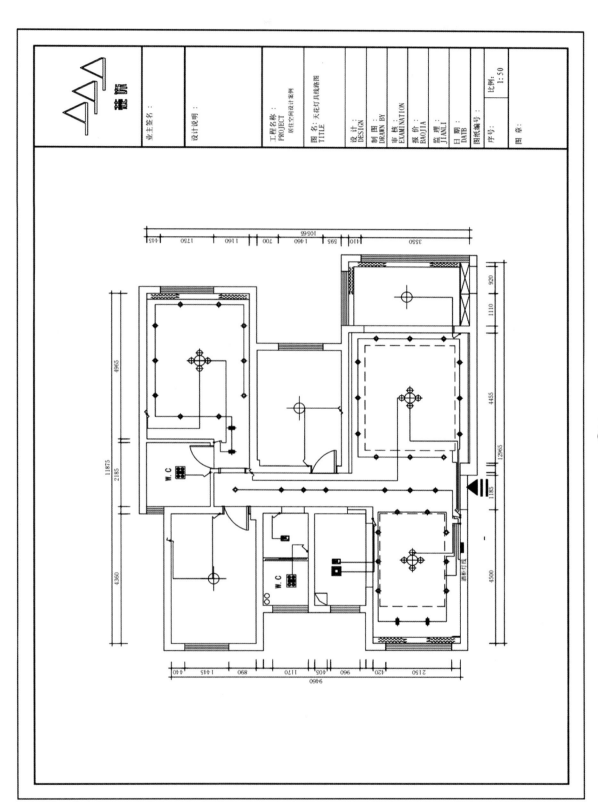

图 2-20

## 2.2.4 设计实施阶段

设计实施阶段即工程的施工阶段。室内工程在施工前，设计人员应向施工单位进行设计意图说明及图纸的技术交底；工程施工期间需按图纸要求核对施工实况，有时还需根据现场实况提出对图纸的局部修改或补充；施工结束时，进行工程验收。

为了使设计取得预期效果，居住空间设计人员必须抓好设计环节的各个阶段，充分重视设计、施工、材料等各个方面，并熟悉、重视与原建筑物的建筑设计、设施设计的衔接，同时还要协调与业主和施工单位之间的相互关系，在设计意图和构思方面通过沟通达成共识，以期取得理想的室内空间设计效果。

*练习题*

1. 实地测量毛坯房的尺寸。

2. 结合毛坯房的尺寸进行方案设计，并画出平面图。

# 第3章 居住空间的组成

**本章要点**

居住空间的组成中，设计时应掌握的最基本原则是不要影响功能性的使用，即首先要考虑卧室、客厅、卫生间和浴室、厨房等空间使用者的要求，另外要考虑采光、通风、安全防盗、密封性、上下水的便利性等，这些也是居住空间舒适性的基本原则。居住空间的组成是按照空间的功能性、安全性、便利性、舒适性、特殊性等原则进行设计的。

## 3.1 居室空间概述

居室内环境是反映人们物质生活和精神生活的一面镜子。人的本质趋向于有选择地对待现实，并按照自己的思想、愿望来加以改造和调整。现实环境总是不能满足他们的要求，不同时代的生活方式，对居住空间提出了不同的要求。正是由于人类不断改造和现实生活紧密相关的居室内环境，才使得居住空间的发展变得永无止境，并在空间质量方面充分体现出来。

### 3.1.1 居室空间的功能

居住空间是住宅建筑内环境的主体，住宅建筑依赖室内空间来体现它的使用性质。地面（基面）、墙面（垂直面）和顶面（屋顶）是居室空间设计的基础，它们决定着室内空间的容量和形态。

居住空间的功能包括物质功能和精神功能。物质功能包括使用上的要求，如居住空间的面积、形状，适合的家具，必要的设备，交通组织、疏散、消防、安全等措施以及科学地创造良好的采光、照明、通风、隔声、隔热等的物理环境等。精神功能则包括舒适度、明亮度、色彩的柔和度等方面。

居住空间由哪些房间组成？各房间的相互关系怎样？我们可以用功能分析的方法进行户型设计。图3-1所示是一套住宅的功能关系图。现代设计追求的是空间的实用性和灵活性。居住空间是根据相互间的功能关系组合而成的，而且功能空间相互渗透，空间的利用率达到最高。空间组织不再是以房间组合为主，空间的划分也不再局限于硬质墙体，而是更注重会客、餐饮、学习、睡眠等功能空间的逻辑关系，如图3-2所示。

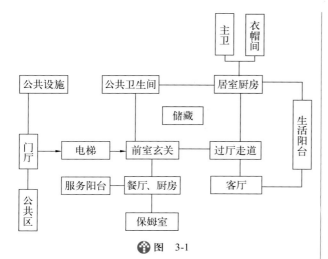

图 3-1

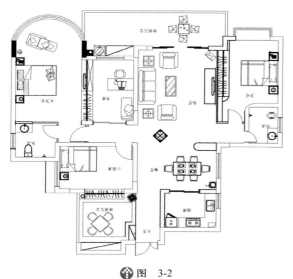

图 3-2

## 3.1.2 居住空间的基本形态

### 1. 下沉式空间

居室内地面局部下沉,在统一的居室空间中就产生了一个界限明确、富有变化的独立空间。由于下沉地面标高比周围要低,因此有一种隐蔽感、保护感和宁静感,使其成为具有一定私密性的小天地。人们在其中休息、交谈也倍觉亲切,在其中工作、学习会较少受到干扰。同时随着视点的降低,空间感觉增大,对室内外景观也会引起不同凡响的变化,并能适用于多种性质的房间。根据具体条件和不同要求,可以有不同的下降高度,少则一二阶,多则四五阶。对高差交界的处理方式也有许多方法,或布置矮墙绿化,或布置沙发座位,或布置书柜、书架以及其他装饰品。高差较大者应设围栏,但一般来说高差不宜过大,否则就失去了下沉空间的意义,如图 3-3 ~ 图 3-6 所示。

图 3-3

图 3-4

🌐 图　3-5

🌐 图　3-6

🌐 图　3-8

### 2. 地台式空间

与下沉式空间相反，如将居室地面局部升高，也能在室内产生一个边界十分明确的空间，但其功能、作用几乎和下沉式空间相反。由于地面升高形成一个台座，和周围空间相比变得十分醒目、突出。现代住宅的卧室或起居室虽然面积不大，但也利用地面局部升高的地台布置床位或座位，有时还利用升高的踏步直接当作座席使用，使室内家具和地面结合起来，产生更为简洁而富有变化的、新颖的居室空间形态，如图 3-7～图 3-10 所示。

🌐 图　3-9

🌐 图　3-7

🌐 图　3-10

### 3．内凹与外凸空间

内凹空间是在居室局部做进退变化的一种室内空间形态，在住宅建筑中运用比较普遍。由于内凹空间通常只有一面开敞，因此在居室空间中受干扰比较少，可以形成安静的一角。有时可以把天棚降低，造成空间清静、安全、富有亲切感的氛围，这是空间中私密性较高的一种空间形态。根据凹进的深浅和面积大小的不同，可以作多种用途的布置。在居室中多数利用它布置床位，这是最理想的私密性位置。有时甚至在家具组合时，也特地空出能布置座位的凹角。

凹凸是一个相对概念，如外凸空间就是一种对内部空间而言是凹室，而对外部空间而言却是向外凸出的空间。如果周围不开窗，从内部而言仍然保持了凹室的一切特点，但这种不开窗的外凸空间在设计上一般没有多大意义，除非外形需要。大部分的外凸空间希望将建筑物更好地伸向自然或水面，达到三面临空的效果，从而可以饱览风光，使室内外空间融合在一起；或者为了改变朝向、方位，采取锯齿形的外凸空间，这是外凸空间的主要优点。居室中的挑阳台、日光室都属于这一类。外凸空间因其有一定特点，在许多住宅建筑中都被采用，如图 3-11 ～图 3-14 所示。

图 3-12

图 3-13

图 3-11

图 3-14

### 4．交错、穿插空间

交错、穿插空间一般在规模较大的住宅经常使用。在这样的空间中，人们上下活动川流交错，俯仰相望，动静相宜，不但丰富了室内景观，也给室内环境增添了生气和活跃气氛。美国设计师赖特的著名建筑——流水别墅是交错、穿插空间极其典型的应用。交错、穿插空间形成的水平、垂直方向空间流通，具有扩大居室空间的效果，如图 3-15 和图 3-16 所示。

图　3-15

图　3-16

### 5．母子空间

人们在大空间中交谈或进行其他活动，有时会感到彼此干扰，缺乏私密性，空旷而不够亲切；而在

封闭的小房间虽避免了上述缺点，但又会产生工作上的不便和空间沉闷、闭塞的感觉。采用大空间内围隔出小空间这种封闭与开敞的母子空间相结合的办法，可使二者得以兼顾，因此在许多居室建筑类型中被广泛采用，如图 3-17 和图 3-18 所示。

图　3-17

图　3-18

### 6．共享空间

美国设计师波特曼首创的共享空间以其罕见的规模和内容、丰富多彩的环境、独出心裁的手法，将多层内院打扮得光怪陆离、五彩缤纷。从空间处理上讲，共享大厅可以说是一个具有远见及多种空间处理手法的综合体系。现代居室的复式户型的共享客厅就体现了这些特性，如图 3-19 和图 3-20 所示。

### 7．虚拟和虚幻空间

虚拟空间是指在界定的空间内，通过界面的局部变化而再次限定的空间，如局部升高或降低地坪或天棚，或以不同材质、色彩的平面变化来限定空间等。虚幻空间是指室内镜面反映的虚像，这种虚像可以把人们的视线带到镜面背后的虚幻空间去，于是会产生空间扩大的视觉效果，有时还可以通过几个镜面的折射，使原来平面的物件产生立体空间的幻觉，还能出现使紧靠镜面的不完整的物件（如半圆桌）变成完整的物件（圆桌）的假象。因此，室内特别狭小的空间常利用镜面来扩大空间感，并利用镜面的幻觉装饰来丰富室内景观。除镜面外，有时室内还利用有一定景深的大幅面画把人们的视线引向远方，造成空间深远的意象，如图 3-21 和图 3-22 所示。

图　3-21

图　3-19

图　3-22

## 3.2　玄关的设计

玄关是对门厅的另一种称呼。玄关的概念最早出现于中国。所谓玄关，就是取玄妙关键之意。玄关不是指一个特定的个体，而是指居室中一个缓冲过渡的区域，如图 3-23 所示。人们进门第一眼看到的就是玄关，这是客人从繁杂的外界进入一个家庭的最初感觉。可以说，玄关设计是家居设计的缩影。

玄关的设计应该起到介绍主人的格调与品味的作用。图 3-24 中玄关被装修成古典的中式风格，图 3-25 是具有现代风格的玄关。和其他类型的居室空间不同，玄关应能够在短时间内给人足够的震撼力。居家讲究一定的私密性，有玄关阻隔，外人对室内就不能一览无余。玄关主要的作用是形成一个放置雨伞、挂雨衣、换鞋、搁包的地方，如图 3-26 所示。

图　3-20

🌸 图　3-23

🌸 图　3-24

🌸 图　3-25

🌸 图　3-26

平时，玄关也是接收信件，简单会客，方便客人脱衣换鞋及挂帽的场所。玄关的装饰风格应与整套住宅装饰风格协调，起到承上启下的作用。因此，玄关有着遮挡外界视觉与流动储物的双重功效。

### 3.2.1　玄关设计的原则

玄关设计的方法很多，无论如何设计，都要遵循以下三个原则。

（1）缓冲视线。玄关处于大门的入口处，是从室外到室内的一个过渡空间，如图3-27所示。室外的喧嚣、紧张，室内的宁静、自由，两种不同的空间感受，人在心理上、视觉上都要有一个缓冲，以适应这种状态之间的转换。另外，玄关的设置也为外来访客留下了视觉悬念，只有转过玄关才能看清客厅的全貌，似有"柳暗花明又一村"的感觉。

（2）间隔空间。室内设计是最讲究空间规划的。玄关的隔与不隔、怎样隔的具体实施过程中，都会与周围的空间布局发生微妙的联系。对于大空间的居室来说，玄关的隔是对内在空间的重新区分，从而创造出一个有独立主题的、彰显主人品位的空间，如图3-28所示。

图 3-27

图 3-29

### 3.2.2 玄关设计的要点

（1）间隔和私密性。之所以要在进门处设置"玄关对景"，最大的作用就是遮挡人们的视线。图 3-30 中的遮蔽并不是完全的遮挡，而是有一定的通透性。

图 3-28

（3）储物收纳。玄关不仅有装饰性，还应有实用性。如图 3-29 所示的玄关使储物收纳的实用性得到体现。

对于小户型来说，充分利用居室空间是居室设计的首要内容。玄关在兼顾视觉美感的同时，也是户主出门时整理衣装、准备小件及携带物品的空间。

图 3-30

（2）实用的保洁。玄关同室内其他空间一样，也有实用功能，就是供人们进出家门时进行更衣、换鞋，以及整理装束等。如图3-31所示，一打开门，主人提供了一个宽敞舒适的换鞋空间，使客人心情愉快。

个封闭、半封闭或开放的空间，它是靠近大门的区域，如图3-33所示。

图 3-32

图 3-31

（3）风格与情调。玄关的装修设计不仅是整个居室设计的风格和情调的浓缩，还是整个居室设计的风格和情调的一个引子。玄关中的家具包括鞋柜、衣帽柜、镜子、小坐凳等，玄关中的家具要与室内的整体风格相匹配。

如图3-32所示的玄关被装修成现代风格，突出了主人的爱好与情趣，整个居室设计的风格和情调也比较一致。

### 3.2.3　玄关设计的注意事项

**1. 玄关的区域性**

很多人误认为玄关就是一道屏风，其实不然。玄关是门厅的另一种称呼，而事实上，屏风只是玄关可选择的元素之一。房子的玄关并非一定要做的项目，这完全在于居室是否需要它。玄关可以是一

图 3-33

**2．玄关植物的布局**

由于玄关是家庭访客进到室内后产生第一印象的区域，因此室内植物的摆放就占有重要的地位。另外，玄关与客厅之间可以考虑摆设同种类的植物，以便联结这两个空间。

**3．玄关镜子的运用**

除了鞋柜外，镜子是玄关的常见物。如果玄关空间较小，一般的设计思路是在侧对门的墙上安置几幅入墙镜，通过加深视野来扩展空间，如图3-34所示。有时，为了加强对落地镜的装饰，在镜前放一个小几架，置一盆绿色植物，便可将自然界的勃勃生机引入室内。镜后放置一盆绿色植物，可以使人感觉到春天的气息。

🀄 图　3-34

# 3.3　客厅的设计

客厅是家人聚集、交流、娱乐的重要场所，也是家人欢聚、共享生活情趣的空间。营造一个舒适方便、热情亲切、丰富充实并有温馨氛围的客厅，是客厅设计的主要目的。客人可以从这里了解主人的品位和性情。

客厅设计的风格定位决定了居室的整体设计风格。客厅的设计风格很多，可分为传统和现代两种。传统风格以古朴而典雅的古典家居风格装饰为主，如图3-35所示，是在室内界面、色调、家具及陈设的造型等方面吸取传统装饰的"形""神"为设计特征，如吸收我国传统木构架建筑室内的藻井天棚、挂落、雀替构成和装饰，以及明、清家具造型和款式特征，如图3-36所示。又如西方传统风格中仿罗马式、哥特式、文艺复兴式、巴洛克、洛可可、古典主义等，如仿英国维多利亚式或法国路易式的室内装潢和家具款式。此外，还有日本传统风格、印度传统风格、伊斯兰传统风格、北非城堡风格等。传统风格常给人们以历史延续和地域文脉的感受，它使室内环境突出了民族文化渊源的形象特征。

🀄 图　3-35

🀄 图　3-36

现代风格起源于1919年成立的包豪斯学派。该学派以当时的历史背景为基础,强调突破旧传统,创造新建筑,重视功能和空间组织,注意发挥结构构成本身的形式美,造型简洁,反对多余装饰,崇尚合理的构成工艺,尊重材料的性能,讲究材料自身的质地和色彩的配置效果,发展了非传统的、以功能布局为依据的不对称的构图手法,如图3-37所示。

🎓 图　3-39

🎓 图　3-37

包豪斯学派重视实际的工艺制作,强调设计与工业生产的联系。包豪斯学派的创始人W.格罗皮乌斯认为:"美的观念随着思想和技术的进步而改变。""建筑没有终极,只有不断的变革。""在建筑表现中不能抹杀现代建筑技术,建筑表现要应用前所未有的形象。"当时杰出的代表人物还有Le.柯布西耶和密斯·凡·德·罗等。现在,广义的现代风格也可泛指造型简洁新颖、具有当今时代感的建筑形象和室内环境。现代风格的装饰构成本身就具有形式美,造型简洁,以自然流畅的空间感为主题,以人为本,以简洁、实用为原则,使人与空间完美共处,如图3-38～图3-41所示。

🎓 图　3-40

🎓 图　3-38

🎓 图　3-41

### 3.3.2　客厅设计的功能分区

　　客厅因为是家人休息团聚、文化娱乐、接待客人、相互沟通的场所,所以它的主要功能分区很重要。客厅主要的功能区域为会客区,还可分为阅读、书写区或音乐欣赏区、影视欣赏区等。这些区域所进行的活动性质相似,但时间不同,因此,可以尽量合并以增加空间。活动性质冲突的区域要分开设置,以免相互干扰,比如视听区要和阅读区分开,如图 3-42 ~图 3-45 所示。

　图　3-45

　图　3-42

　图　3-43

　图　3-44

### 3.3.3　客厅的布置

　　客厅的布置很重要,客厅的布置从某种程度可以体现主人的个性。好的设计除了顾及用途之外,还要考虑使用者的生活习惯、审美观和文化素养。客厅布置的类型也可多种多样,有各种不同的风格,如果选用柔和的色彩、小型的灯饰、布质的装饰品就能体现出一种平静温馨的感觉,如图 3-46 所示。

　图　3-46

如果选用夸张的色彩、式样新颖的家具、金属的饰物，就能体现出另类的风格，这也是许多现代人所追求的一种格调，主要是突出自己的个性，如图 3-47 和图 3-48 所示。

🔘 图　3-47

🔘 图　3-48

### 3.3.4　客厅设计的色彩运用

客厅设计色彩的运用方法很多，主要有以下几种。

**1．统一色彩法**

这是指所有装饰材料、饰物和家具都严格采用同一种颜色。这种手法比较容易出效果，会给人和谐的感觉，但也容易让人觉得单调、乏味。如统一采用暖色调中的红色进行装饰，色彩上虽达到了统一和谐，但看久了不免单调乏味，应加入一点冷色调中的蓝色进行调和，从而达到对比与统一的结合，如图 3-49 和图 3-50 所示。

**2．烘托法**

这是指室内所有用品的色调都采用同一色系的颜色。这种做法目前较多采用，也是最容易出效果的手法之一，如图 3-51 和图 3-52 所示。

🔘 图　3-49

🔘 图　3-50

🔘 图　3-51

图 3-52

### 3.对比法

对比法是指对两种不同的事物、形体、色彩等进行对照。人们常利用色彩对比进行设计，如黑白对比、冷暖对比、纯度对比等。比如，在浅色的环境中点缀比较艳丽的装饰品，可起到画龙点睛的作用；如亮对暗、暖色对冷色，可以达到生机盎然的效果，如图 3-53 ～图 3-55 所示。但是，对比法需慎用，使用不当，会给人一种画蛇添足的感觉。

图 3-53

图 3-54

## 3.3.5 客厅的主题墙

客厅的主题墙是指客厅中最引人注目的一面墙，一般用来放置电视、音响。在这面主题墙上，设

图 3-55

计师应采用各种手段突出主人的个性特点。例如，利用装饰材料在墙面上做一些造型，以突出整个房间的装饰风格，彰显主人的喜好，如图 3-56 ～图 3-61 所示。

图 3-56

图 3-57

## 3.3.6 客厅的吊顶

吊顶的主要作用是使居室空间更有高度感、层次感，内部镶嵌适当光源，可以有效地避免眩光并增加空间生机。客厅吊顶可根据个人的喜好采用不同的装饰造型风格，如图 3-62 ～图 3-65 所示。

图 3-58

图 3-59

图 3-60

图 3-61

图 3-62

图 3-63

图 3-64

图 3-66

图 3-65

图 3-67

图 3-68

### 3.3.7 客厅的地面

客厅地面处理主要是材质的使用,其种类很多。①竹木类,竹木类分为竹地板和木地板。木地板富有弹性,并有温暖感。②纤维织物类,如化纤地毯、纯毛地毯、橡胶绒地毯。③塑料制品类,如塑料地板、塑料卷材地板。④石材类,如大理石、花岗石、人造大理石等。⑤陶瓷类。⑥地面涂料。

地面材质种类虽繁多,但地面颜色材质最好统一,切忌分割,否则会有凌乱感。如想要突出某区域,可以着重处理,比如想突出会客区,如果使用了木地板,那么就可以使用一块地毯来突出,如图 3-66 ～图 3-69 所示。

图 3-69

## 3.3.8 客厅的灯光

为使居室在日常生活中能有恰当的照明条件，必须在设计时就考虑各种可能性，要注意灯光有足够的照度。灯光有两个功能，即实用性和装饰性。实用性是针对某局部功能而设定的；装饰性是用来渲染空间气氛，让空间更有层次，或突出表现某局部装饰而用。因为装饰性灯光不是主角，它是起辅助作用的，所以要适当出现，不宜过多，否则会使人眼花缭乱，分不清主次，如图3-70～图3-73所示。

🛈 图 3-72

🛈 图 3-70

🛈 图 3-73

## 3.4 卧室的设计

🛈 图 3-71

人们在家的大部分时间其实是在卧室中度过的，而且是处于睡眠状态。正是由于使用时间和功能的特殊性，卧室在装饰设计中有很多独特的地方。卧室在设计上追求的是功能与形式的完美统一。在卧室设计的审美上，设计师要追求时尚而不浮躁、庄重典雅而不乏轻松浪漫的感觉。

## 3.4.1　卧室的设计要点

卧室设计利用材料的多元化应用、几何造型的有机融入、线条节奏和韵律的充分展现、灯光造型的立体化应用等表现手法,营造温馨柔和、独具浪漫主义情怀的卧室空间。一般来说,卧室的划分有活动区、睡眠区、储物区、梳妆区、展示区、学习区等。同时卧室应根据住户人员的年龄、个性和爱好来进行设计。

(1)比如把床头背景墙当作卧室设计中的重点。设计上更多地运用了点、线、面等要素及形式美的基本原则,使造型和谐统一而富于变化,如图3-74和图3-75所示。窗帘帷幔往往最具柔情主义,轻柔的摇曳、优雅的配色就像温柔的歌曲,浪漫温馨,如图3-76和图3-77所示。

(2)卧室地面材质宜用木地板、地毯或陶瓷地砖等材料;卧室的墙面宜用墙纸、壁布或乳胶漆,颜色花纹应根据住户的年龄、个人喜好来选择;卧室的天花装饰,宜用乳胶漆、墙纸(布)或局部吊顶,如图3-78~图3-81所示。

🔧 图　3-74

🔧 图　3-75

🔧 图　3-76

🔧 图　3-77

🔧 图　3-78

🔧 图　3-79

🏠 图　3-80

斗橱；其他的家具，比如书桌、书架、电视架，完全可以根据实际情况来添加，如图 3-86 ～图 3-89 所示。

🏠 图　3-82

🏠 图　3-81

🏠 图　3-83

（3）照明系统应考虑整体与局部照明，卧室的照明光线宜柔和；卧室中灯光更是点睛之笔，多角度的设置使灯光的立体造型更加丰富多彩；卧室应通风良好，对原有建筑通风不良的应适当改进；卧室的空调送风口不宜布置在直对人体长时间停留的地方，如图 3-82 ～图 3-85 所示。

（4）从内部摆设上来说，床是卧室中最主要的一部分。床和床单的选择很大程度上将影响整间卧室的设计，以床为中心的家具陈设应尽可能简洁实用。卧室面积不大时，床一般靠墙角布置；面积较大时，床可安排在房间的中间。一般的习惯，床是安排在光线较暗的部位，同时应设计衣柜放置衣物和用来更换的床上用品，还有梳妆台或者五

🏠 图　3-84

图　3-85

图　3-88

图　3-86

图　3-89

## 3.4.2　卧室设计的布局

卧室从使用个体上来分类，可分为主卧室和次卧室。

### 1．主卧室设计

主卧室一般是指供户主或主要成员居住的卧室。主卧室不仅是睡眠、休息的地方，而且是最具隐私性的空间，因此，主卧室设计必须依据主人的年龄、性格、兴趣爱好，考虑宁静稳重或浪漫舒适的风格，创造一个完全属于个人的温馨环境。主卧室的设计主要从以下几方面考虑。

（1）卧室的地面应具备保暖性，一般宜采用中性或暖色调，材料有地板、地毯等。

（2）一般来说，卧室墙壁约有 1/3 的面积被家具所遮挡，而人的视觉除床头上部的空间外，主要集中于室内的家具上。因此，墙壁的装饰宜简单些，床头上部的主体空间可设计一些有个性化的装饰品，选材宜配合整体色调，烘托卧室气氛，如图 3-90～图 3-93 所示。

图　3-87

图 3-90

图 3-93

图 3-91

（3）吊顶的形状、色彩是卧室装饰设计的重点之一，一般以简洁、淡雅、温馨的暖色系列为好。

（4）色彩应以统一、和谐、淡雅为宜，对局部的原色搭配应慎重，稳重的色调较受欢迎，如绿色系活泼而富有朝气，粉红系欢快而柔美，蓝色系清凉浪漫，灰调或茶色系通灵雅致，黄色系热情中充满温馨气氛。

（5）卧室的灯光照明以温馨、和暖的黄色为基调，床头上方可嵌筒灯或壁灯，也可在装饰柜中嵌筒灯，使室内更具浪漫舒适的温情。

（6）卧室不宜太大，空间面积一般为 15 ～ 20 平方米就足够了，必备的家具有床、床头柜、更衣室、低柜（电视柜）、梳妆台。如果卧室里有卫浴室，就可以把梳妆区域安排在卫浴室里。卧室的窗帘一般应设计成一纱一帘，使室内环境更富有情调，如图 3-94 ～图 3-97 所示。

图 3-92

图 3-94

图 3-95

图 3-96

图 3-97

## 2. 次卧室设计

次卧室一般用做儿童房、青年房、老人房或客房。不同的居住者对于卧室的使用功能有着不同的设计要求。

（1）儿童房一般由睡眠区、储物区和娱乐区组成，对于学龄期儿童还应设计学习区。对儿童而言，玩耍的地方是生活中不可或缺的部分，所以儿童房娱乐区的设计要考虑启发性作用，使他们能在嬉戏

中学习。儿童房墙壁及地板的用料必须牢固和易于清洗。儿童房的地面一般采用木地板或耐磨的复合地板，也可铺上柔软的地毯，或者用富有弹性的橡胶地面；墙面最好设计为防磕碰的，还可采用儿童墙纸或墙布以体现童趣；对于家具的处理应尽量设计为圆角，家具用料可选用色彩鲜艳的防火板，如空间有限，可考虑设计功能齐全的组合家具；出于安全考虑，儿童房中的电源设施应装于较高位置。图 3-98 和图 3-99 体现了儿童房的相关特点。

图 3-98

图 3-99

（2）青年房除了上述功能区外，还要考虑梳妆区。如果没有书房，在次卧室的设计中就要考虑书桌、电脑桌等组成学习区。青年房要体现宁静的书卷气，如图 3-100 和图 3-101 所示。

（3）老人房主要满足睡眠和储物的功能。老年人卧室的布局尽量采用陈列式，家具的造型不宜复杂，以简洁实用为主；家具要尽量靠墙放置，以免造成室内通行的不便，可按均衡对称的方式沿墙布置，以便在心理上给老人以安全稳固的感受；房内色彩要避免单调，应表现出亲近祥和的意境，色

彩忌用红、橙、黄等易使人兴奋和激动的颜色,而应选用高雅宁静的色调;也要避免使用大面积的深颜色,防止有闷重的感觉,如图3-102和图3-103所示。

（4）客卧和保姆房应该设计简洁、大方。房内具备完善的生活条件,即有床、衣柜及小型陈列台,但都应以功能化为主,造型要简洁,色彩要单纯。

图 3-100

图 3-101

图 3-102

图 3-103

### 3.4.3 卧室立面材质及色调处理

卧室各立面装饰的材料种类很多,有内墙涂料、PVC墙纸以及玻璃纤维墙纸等。在选择上,首先应考虑与房间色调及与家具协调一致。

卧室的色调应以宁静、和谐为主旋律。面积较大的卧室,选择墙面装饰材料的范围比较广;而面积较小的卧室,小花、偏暖色调、浅淡的图案较为适宜,如图3-104和图3-105所示。

图 3-104

图 3-105

## 3.4.4　卧室的照明

卧室对照明的要求较为普通，主要由一般照明与局部照明组成。卧室的一般照明气氛应该是宁静、温馨、宜人、柔和、舒适的。那些闪耀的、五彩缤纷的灯具一般不宜安装在卧室内。为了满足功能照明的要求，采用两种方式：一种是装设有调光器或计算机开关的灯具；另一种是室内安装多种灯具，分开关控制，根据需要确定开灯的范围。卧室照明一般多采用吸顶灯、嵌入式灯。普通房间也可选择荧光灯具。

卧室的局部照明一是床头阅读照明，二是梳妆照明，如图3-106和图3-107所示。

图　3-106

图　3-107

## 3.5　餐厅的设计

餐厅是家庭中的一处重要的生活空间。舒适的就餐环境不仅能够增强食欲，更使身心得到彻底的松弛。餐厅的设计注重的是实用功能和美化功能。餐厅的设计风格除考虑与整个居室的风格一致外，氛围上还应把握亲切、淡雅、温暖、清新的原则。

### 3.5.1　餐厅布局的要点

（1）餐厅既可单独设置，也可设在起居室靠近厨房的一隅。如果具备条件，单独用一个空间做餐厅是最理想的，对于住房面积不大的居室，也可以将餐厅设在厨房、过厅或者客厅。

（2）就餐区域的大小应考虑人的来往、服务等活动。

（3）餐厅与厨房必须毗邻或者接近，这样的布局相对来说比较方便与实用，如图3-108～图3-111所示。

图　3-108

图　3-109

图 3-110

## 3.5.2 餐厅色彩的搭配

餐厅的色彩搭配一般都应与客厅统一,因为目前国内多数的建筑设计中,餐厅和客厅都是相通的,这主要是从空间感的角度来考虑的;餐厅色彩的使用,宜采用暖色系,因为从色彩心理学上来讲,暖色有利于促进食欲,这也就是很多餐厅采用黄色、红色的原因,如图 3-112 ~图 3-115 所示。

图 3-112

图 3-111

图 3-113

图 3-114

图 3-115

### 3.5.3 餐厅界面材质的选择

餐厅的材质处理主要是指餐厅各界面装饰材料的运用,总的原则应该要跟居室其他空间所用的材料协调一致。

(1)天花。应以素雅、洁净材料做装饰,如漆、局部木饰、金属,并用灯具作衬托,有时可适当降低吊顶,可给人以亲切感,如图 3-116 所示。

图 3-116

(2)墙面。在对餐厅墙面进行装饰时,应从建筑内部把握空间。餐厅墙面的装饰除了要依据餐厅整体设计这一基本原则外,还要特别考虑到餐厅的实用功能和美化效果。比如,餐厅墙面齐腰高

的位置可用些耐磨的材料,如选择一些木饰、玻璃、镜子做局部护墙处理,这样能营造出一种清新、优雅的氛围,以增加就餐者的食欲,给人以宽敞感,如图 3-117 ~图 3-120 所示。

图 3-117

图 3-118

图 3-119

图 3-120

（3）地面。选用表面光洁、易清洁的材料，如地砖、木地板等，局部用玻璃或其他透明反光材料，在其下面再设置光源，便于营造浪漫气氛和神秘感，如图 3-121 ～图 3-123 所示。

图 3-121

图 3-122

图 3-123

（4）餐桌的选择需要注意与空间大小的配合，小空间配大餐桌或者大空间配小餐桌都不合适。餐桌的色彩宜选用调和的色彩，应与餐厅总的色彩、天花造型和墙面装饰品协调一致，如图 3-124 和图 3-125 所示。

图 3-124

图 3-125

## 3.5.4 餐厅照明

餐厅照明分局部照明和一般照明。餐厅局部照明大多采用悬挂式灯具，以突出餐桌的效果为目的；同时还要设置一般照明，使整个房间有一定程度的明亮度，显示出清洁感。灯具造型不要烦琐，但要有足够亮度。把灯具位置降低，可以用发光孔控制光线通过量，以便使光线变得柔和，这样既限定了空间，又可获得亲切的光感。

餐厅餐桌应要求水平照度，故宜选用向下直接照射的灯具或拉下式灯具，使其拉下高度在桌上方的 600 ～ 700mm，灯具的位置一般在餐桌的正上方。为增加食欲，一般采用功率在 60W 以上的白炽灯,如图 3-126 和图 3-127 所示。

图 3-126

图 3-127

餐厅设计在其他方面还要适当考虑绿化、装饰陈设、背景音乐等,如图 3-128 和图 3-129 所示。比如,可以在餐厅角落摆放一株绿色植物及在竖向空间点缀绿色植物。装饰陈设方面可悬挂字画、壁挂、特殊装饰物品等,可根据餐厅的具体情况灵活安排,用以点缀环境,但要注意不可过多,否则会喧宾夺主,让餐厅显得杂乱无章。还可以在适当位置安放音箱,就餐时适时播放一些轻柔美妙的背景乐曲可增加就餐的氛围,如图 3-130 ~图 3-133 所示。

图 3-128

图 3-129

图 3-130

图 3-131

图 3-132

图 3-133

## 3.6 厨房的设计

厨房在居室中具有非常突出的作用。操持者一日三餐的洗切、烹饪、备餐,以及用餐后的洗涤餐具与整理等,都要在厨房里进行。厨房是居室中使用最频繁、家务劳动最集中的地方,厨房的设计要方便实用,要充分考虑安全性和便于清洁卫生。厨房内的基本设施有洗涤盆、操作台(切菜、配制)、灶具(液化气或天然气灶具、电灶)、微波炉、排油烟机、电冰箱、储物柜等。厨房设计的形式大致有封闭式、半封闭式和敞开式三种。厨房设计的处理要点如下。

(1)厨房设备及家具的布置应按照烹调操作顺序来布置,以方便操作,避免走动过多。

(2)平面布置除考虑人体和家具尺寸外,还应考虑在厨房的活动。

### 3.6.1 厨房设计的空间布局

在厨房结构布局方面,要兼顾厨具安装、清拆隔断、管线改造等诸多方面。同时,依照人体工程学原理,提供科学的厨房工作动线规划,合理安排厨房用具的机能、方位、尺寸。还应该提供细致完备的物品收纳存储空间。厨房空间布局应以"厨房工作动线"为主,一般人的习惯大致是取材、洗净、备膳、调理、烹煮、盛装、上桌。空间布局从类型上来说一般有一字形、二字形、L形、U形、岛形等。

#### 1. 一字形的厨房设计

一字形的厨房在传统空间设计中最常使用。一字形是一种靠墙的条式建筑模式,它把储存、洗涤和烹调三个工作区配置在一个墙面，一般都是在狭长的建筑空间模式中。由于是贴墙设计，所以可以达到节约空间的效果。其缺点是过于狭长，工作效率低下和劳动强度加大，如图 3-134 和图 3-135 所示。

用的是"工作三角原理"，是最节省空间的厨房设计方式，此类厨房的开间为 1.8m 左右，且有一定的深度。采用这种类型模式，优点是可以有效利用空间，操作效率高。这种模式在厨房设计中应用比较普遍，如图 3-138 和图 3-139 所示。

图 3-134

图 3-135

### 2. 二字形的厨房设计

二字形也叫走廊形或并列形。这种房型的开间宽度相对一字形要宽一些，最少不低于 2m，或者是以阳台门为基础分两边建厨。这种模式可把锅碗瓢盆储存区设置于一边，而在另一边设置烹调和洗涤工作区，如图 3-136 和图 3-137 所示。

### 3. L 形的厨房设计

L 形这种类型是把储存、洗涤和烹调三个工作区按照顺序设置于厨房两边，其相接处呈 90° 设计，即把冰箱、洗涤池、灶具合理地配置成三角形，所以 L 形厨房又可称为三角形厨房。三角形厨房设计采

图 3-136

图 3-137

图 3-138

图 3-141

### 5. 岛形的厨房设计

岛形的厨房设计在西方国家非常普遍,即在厨房中间摆置一个独立的料理台或工作台,家人和朋友可在料理台上共同准备餐点或闲话家常,如图 3-142 和图 3-143 所示。由于厨房多了一个料理台,所以岛形的厨房需要较大的空间。国内家庭厨房面积普遍不大,所以岛形厨房较少采用。

图 3-139

### 4. U 形的厨房设计

U 形是比较理想的样式,它是把储存、洗涤和烹调三个工作区按照 U 形依次设置,这种设计类型设备配置较齐全。相对需要的空间大,要求厨房的开间必须达到 2.2m 以上,通常用于基本呈正方形的房型。其优点是操作方便省力,即使多人同时操作也有回旋的余地,如图 3-140 和图 3-141 所示。

图 3-142

图 3-140

图 3-143

## 3.6.2　厨房设计的原则

（1）应有足够的操作空间。在厨房里需要洗涤和配切食品，既要有搁置餐具、熟食的周转场所，也要有存放烹饪器具和作料的地方，以保证基本的操作空间。现代厨具生产已走向组合化，应尽可能地合理配备，以保证现代家庭厨房拥有齐全的功能。

（2）要有丰富的储存空间。一般家庭厨房都尽量采用组合式吊柜、吊架，合理利用一切可储存物品的空间。组合柜橱常用下面部分储存较重、较大的瓶、罐、米、菜等物品，操作台前可延伸设置存放油、盐、糖等调味品及餐具的柜、架，煤气灶、水槽的下面都是可利用的存物场所。精心设计的组合厨具使储物、取物更方便，如图 3-144 和图 3-145 所示。

图　3-144

图　3-145

（3）要有充分的活动空间。据专家分析，厨房里的布局是顺着食品的储存和准备、清洗和烹调这一操作过程安排的，应沿着炉灶、冰箱和洗涤池三项主要设备组成一个三角形。在建筑设计的术语中，这叫作设计三角，因为这三个功能通常要互相

配合，所以要安置在最合适的距离，以节省时间和人力。

（4）房间隔断。与厅、室相连的开敞式厨房要搞好间隔，可用吊柜、立柜做隔断，或装上玻璃移门，尽量使油烟不溢入内室。

（5）橱柜的设计要符合人体工程学。在厨房进行操作时，必须长时间弯腰倾身，通过适当的设计，可以减轻疲劳。料理台的高度要在 78cm 左右，而吊柜与层架的高度以 170 ~ 180cm 为宜，人们伸手即可拿到物品，超过此高度的橱柜空间可存放不常用的物品，如图 3-146 和图 3-147 所示。

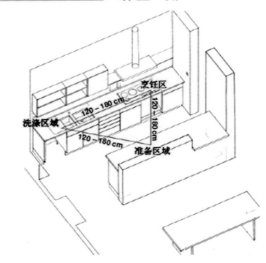

图　3-146

图　3-147

## 3.6.3　厨房设计的色彩运用

厨房色彩尤其墙面色彩安排宜以白色或浅色为主，尽量用冷色调，不宜使用反差过大的色彩；色彩过多过杂，在光线反射时容易造成眼花缭乱的感

觉。厨房色彩可以以黑、白、灰色为主,其中黑、白可以营造出强烈的视觉效果;把近年来流行的灰色融入其中,可以缓和黑与白的视觉冲突感,这种空间充满冷调的现代感与未来感,体现着理性、秩序和专业。厨房色彩可以以蓝、白色为主,其中白色的清凉与无瑕令人感到十分自由,居室空间似乎像海天一色的大自然一样开阔自在。厨房色彩可以以蓝灰、橘黄色为主,以蓝色系与橘色系为主的色彩搭配表现了现代与传统、古与今的交汇,碰撞出兼具现实与复古风格的视觉感受,这两种色彩能给予空间一种新的生命。总之,厨房色彩最好以浅色为主,利于橱柜柜身颜色的搭配,也使厨房显得更宽敞、整洁,如图 3-148 和图 3-149 所示。

🏠 图　3-148

🏠 图　3-149

### 3.6.4　厨房的灯光

餐厅的灯光注重文化,厨房的灯光注重实用。厨房灯光不一定要像餐厅一样豪华典雅、布局整齐,但其作用绝不可忽视。

(1) 厨房灯光应考虑从前方投射,以免产生阴影而妨碍工作。现代的厨房在灶台上方都装有抽油烟机,一般都带有 25～40W 的照明灯,使灶台上方的照度得到了很大的提高;也可在厨房的吊柜下加装局部照明灯,以增加操作台的照度,如图 3-150 和图 3-151 所示。

🏠 图　3-150

🏠 图　3-151

(2) 厨房人工照明的照度应在 200LX 左右。除了安装散射光的吸顶灯或吊灯外,还应按照厨房家具和灶台的安排布局,选择局部照明用的壁灯和照顾工作面照明的、高低可调的吊灯,也可在储物柜内安装柜内照明灯,以使厨房内操作所涉及的工作面、备餐台、洗涤台、角落等都能有足够的光线。此外,从清洁卫生和安全用电的角度来安排厨房灯具也是十分必要的。

(3) 安装灯具应尽可能远离灶台,以免油烟水汽直接熏染灯具。灯具造型应尽可能简洁,以便于经常擦拭。灯具底座要选用瓷质的并使用安全插座,要具有防潮、防锈效果,如图 3-152 和图 3-153 所示。

图 3-152

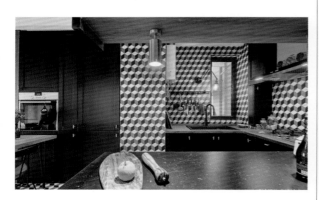

图 3-153

### 3.6.5 厨房材质的选择

（1）厨房的天花宜用 300mm × 300mm 平面铝扣板、PVC板、铝质条形扣板或PVC条形扣板，不宜使用石膏板等材料吊顶。

（2）厨房墙面瓷砖宜用亮光面的釉面砖，不宜用骨色或者深色类的瓷砖，也不宜用花纹过于暗淡的瓷砖。

（3）厨房地面瓷砖要采用防滑砖，因为厨房即使没有水，也会有油腻。

（4）厨房门尽量选用防水的材料，例如塑钢门、PVC门和铝/不锈钢门等。木质材质的门框的下部要进行处理，比如用不锈钢等防水材质，也可将这部分进行泡油（光油/清漆）处理，如图3-154和图3-155所示。

### 3.6.6 厨房的通风设施

通风是厨房设计的基本要求，是保证户内卫生的重要条件，也是保证人身健康、安全的必要措施。排气扇、排气罩、排油烟机都是必要的设备。

图 3-154

图 3-155

（1）排油烟机一般安装在煤气灶上方0.7m左右，选择排油烟机时，它的造型、色彩应与橱柜的造型色彩统一考虑，以免造成不和谐。

（2）不管厨房选配的是先进的排油烟机还是采用简捷的排风扇，最重要的是使厨房尤其是配菜、烹调区形成负压。所谓负压，即排出去的空气量要大于补充进入厨房的新风量，以便保持空气清新。

（3）要注意烤箱、焗炉、蒸箱、蒸汽锅以及蒸汽消毒柜、洗碗机等产生的浊气、废气，保证所有烟气都

不在厨房区域弥漫和滞留,如图 3-156 ～图 3-159
所示。

图 3-156

图 3-157

图 3-158

图 3-159

## 3.7 卫生间的设计

随着我国社会经济的发展,卫生间已由最早的一套住宅配置一个卫生间——单卫,发展到现在的双卫(主卫、客卫)和多卫(主卫、客卫、公卫)。主卫是供户主或主要成员使用的私人卫生间;客卫是为满足来访者和其他家庭成员使用而设置的卫生间;公卫是为充分显示现代家庭对个人隐私的尊重而设置的第二客卫。卫生间设计常常跟浴室装饰分不开,一般统称为卫浴空间设计。卫浴空间设计要讲究实用,考虑卫生用具和装饰的整体效果。国家卫生健康委员会已在小康住宅标准中提出要合理分隔浴室,减少便溺、洗浴、洗衣和化妆洗脸的相互干扰。卫生间的功能已由单一的用厕向多功能的方向发展,卫浴空间可划分为盥洗区、用厕区、淋浴区等功能分区,具体可根据卫浴空间面积的大小可奢可俭。卫生间一般应注意整体布局、色彩搭配、卫生洁具选择等要领,使卫浴空间达到使用方便、安全舒适的效果。总之,人们力求在功能、布置等诸多方面体现当代卫生间设计的合理性。

### 3.7.1 卫浴空间处理要点

(1)应注意把卫生间中洗浴部分与厕所部分分开;如不能分开,也应在布置上有明显的划分,并尽可能设置隔屏、帘等,如图 3-160 和图 3-161 所示。

(2)卫生间门的开启方向应考虑在最方便使用的位置。考虑到卫生间湿滑的特点,在浴缸及便池附近应就近设置必用物品及设置尺度适宜的扶手,以方便老弱病人的使用,如图 3-162 和图 3-163 所示。

图 3-160

图 3-163

（3）卫浴空间的装饰设计不应影响卫生间的采光、通风效果，电线和电器设备的选用和设置应符合电器安全规程的规定；如果空间允许，洗脸梳妆部分应单独设置，如图3-164和图3-165所示。

图 3-161

图 3-164

图 3-162

图 3-165

（4）浴室的设计基本上以方便、安全、易于清洗及美观得体为主。由于水汽很重,内部装潢用料必须以防水物料为主,还要注意通风透气的功用,如图3-166和图3-167所示。

图　3-166

图　3-167

（5）卫生洁具的款式和尺寸选用应与整体布置协调统一,如图3-168和图3-169所示。

图　3-168

图　3-169

## 3.7.2　卫浴空间的布局

　　家居卫浴空间最基本的要求是合理地布置"三大件"，即洗手盆、座厕或蹲便器、淋浴间或浴缸。"三大件"基本的布置方法是从低到高设置，即从浴室门口开始，比较理想的是将盥洗室设置在卫浴空间的前端，盥洗室主要提供摆放各种盥洗用具及起到洗脸、刷牙、洁手、刮胡须、整理容貌等作用，还时常要放置脱、换的衣服；座厕紧靠其侧；把淋浴间设置在最内端，这样较能体现其作用、生活功能或美观上的一致性。目前，我国居室中浴室设计的面积一般在 3 ～ 6m²，浴室内的洗手台大小必须考虑出入的活动空间，预留座厕的宽度不少于 0.75m，淋浴间的标准尺寸是 0.9m×0.9m。淋浴间的设施一般为两大趋向：一是把卫生间一端用玻璃或浴帘间隔起来作一个大浴间，二是订制或购买成品的小型淋浴间。家居浴室还要考虑安排好林林总总的储物空间，用来储放清洁卫生间的用品和放置淋浴用品，如图 3-170 ～图 3-173 所示。

图　3-171

图　3-170

图　3-172

图　3-173

### 3.7.3　卫浴空间材质的选择

卫浴空间各界面材质选择的一般原则是要做到防水、防滑及易于清洁。

（1）卫浴空间墙壁和地板的材料可以是墙地砖或者马赛克,墙面须选择防水性强又具有抗腐蚀与抗霉变的材料;地面要注意防滑,应选用具有防水、耐脏、易清洁的材料,如瓷砖、石材等。

（2）天花板受水蒸气影响较易发霉,以防水耐热的材料为佳,比如用铝扣板、PVC扣板等,亦可用防水涂料装饰。卫浴空间的门、窗密封遮蔽性要好,以保持室内的热量和私密性。

（3）卫浴空间的门及门套应选用防水的材料,如塑钢门、PVC门、铝／不锈钢门。如果选用木质材质的门框,下部需进行处理（光油／清漆）;或者选用防水材质,如不锈钢等,如图3-174～图3-177所示。

### 3.7.4　卫浴空间的色彩运用

卫浴空间的墙面、地面在视觉上占有重要地位,颜色处理得当,有助于装饰的效果,一般有白色、浅绿色、玫瑰色等。有时也可以将卫生洁具作

为主色调,与墙面、地面形成对比,使浴室呈现出立体感。卫生洁具色彩的选择应从整体设计上考虑,尽量与整体布置相协调,如图3-178和图3-179所示。

图　3-174

图　3-175

图 3-179

图 3-177

### 3.7.5 卫浴空间的照明系统

卫浴空间的灯具和厨房差不多,都要求具有防雾和易清洁的特点,需要明亮柔和的光线,不宜太暗。

(1) 采用壁灯时要将灯具安装在与窗帘垂直的墙上,以免在窗上反映出阴影。采用顶灯时要避免安装在蒸汽直接笼罩的浴缸上面或背后。

(2) 开关宜设于卫生间门外,否则应采用防潮防水型面板或使用绝缘绳操作的拉线开关,如图 3-180 ~ 图 3-185 所示。

图 3-180

图 3-176

图 3-178

图 3-181

图 3-182

图 3-183

图 3-184

图 3-185

## 3.8 书房的设计

书房，顾名思义是居住空间中藏书、读书的空间。书房作为人们阅读、书写、学习、工作的空间，是最能表现居住者习性、爱好、品位和专长的场所。

### 3.8.1 书房处理要点

书房同其他室内空间一样，风格是多种多样的，很难用统一的形式加以概括。书房布置一般需保持相对的独立性。但总的来说在书房设计上要营造书香与艺术氛围，力求做到明、静、雅、序。

（1）明。书房作为主人读书写字的场所，对于照明和采光的要求很高。因为人眼在过于强或弱的光线中工作，都会对视力产生很大的影响。书房内一定要设有台灯和书柜用射灯，便于阅读和查找书籍，如图 3-186 和图 3-187 所示。

🎨 图 3-187

🎨 图 3-186

（2）静。安静对于书房来讲十分必要，所以在装修书房时要选用那些隔音、吸音效果好的装饰材料。比如天花可采用吸音石膏板吊顶，墙壁可采用 PVC 吸音板或软包装饰布等装饰，地面可采用吸音效果佳的地毯，窗帘可选择较厚的材料，以阻隔窗外的噪音，如图 3-188 和图 3-189 所示。

（3）雅。清新淡雅以怡情。书房的布局要尽可能地"雅"，这样更能营造书房的氛围，如图 3-190 和图 3-191 所示。

🎨 图 3-188

🎨 图 3-189

😊 图 3-190

😊 图 3-191

（4）序。书房的设计以书为主，可以有多种类的书，又有常用、不常用和藏书之分，所以设计书房时应考虑将书进行一定的分类，也可将书房空间划分为书写区、查阅区、储存区等，这样既使书房井然有序，又能保证工作效率，如图 3-192～图 3-195所示。

😊 图 3-192

😊 图 3-193

😊 图 3-194

😊 图 3-195

## 3.8.2 书房的空间布局

书房内要相对独立地划分出书写、计算机操作、藏书以及小憩的区域，以保证书房的功能性。各空间的布局因人而异，书柜和写字桌可平行陈设，也可垂直摆放，或是与书柜的两端、中部相连，形成一个读书、写字的区域。面积不大的书房，沿墙以整组书柜为背景，前面配上别致的写字台，也可以向空间延伸，体现书房的灵敏感和进取感；面积稍大的书房，则可以用高低变化的书柜作为书房的主调，如图 3-196～图 3-199所示。

图 3-196

图 3-197

图 3-198

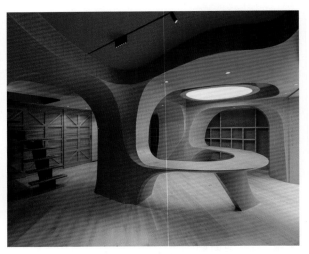

图 3-199

### 3.8.3 书房材质的选择

书房的材质处理要结合明、静、雅、序进行,同时要与居室各空间的材质处理、家具协调统一。书房的地面可选用木地板或地毯等材料,而墙面的用材最好用壁纸、板材等吸音较好的材料,以获得宁静的效果。窗帘的材质一般选用既能遮光又有通透感的浅色纱帘,如图 3-200～图 3-203 所示。

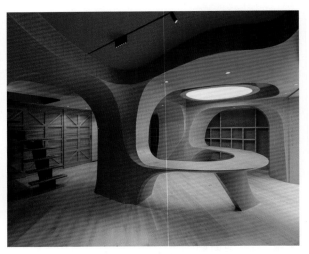

图 3-200

图 3-201

图 3-202

### 3.8.4　书房的色彩运用

　　书房的色彩一般不适宜过于鲜艳,但也不适宜过于灰暗。由于书房是长时间使用的场所,应避免强烈刺激,明亮的灰度色系或灰棕色系等中性柔和色调的色彩较为适合。但若从事需要刺激而产生创意的工作,那么不妨让鲜艳的色彩引发灵感。一般来说,书房地面颜色稍深,天花板的处理应考虑室内的照明效果,可用白色,这样通过反光可使四壁明亮。门窗的色彩可在室内调和色彩的基础上稍加突出。为了得到一个统一的情调,家具颜色可以与四壁的颜色使用同一个色调,在其中点缀一些和谐的色彩,比如书柜里的小工艺品、墙上的装饰画(在选择装饰画时,要注意其在色彩上主要是起点缀作用,在形式上要与整体布局协调),这样可打破略显单调的环境,如图 3-204 ~ 图 3-207 所示。

### 3.8.5　书房的采光照明

　　书房照明应有利于人们精力充沛地学习和工作,光线要柔和明亮,要避免眩光,应尽量考虑自然采光;人工照明主要把握明亮、均匀、自然、柔和的原则,不加任何色彩,这样使眼睛不易感到疲劳。可以采用直接照明或者半直接照明的方式,还可以在书桌前方设置台灯。

书房照明主要以满足阅读、写作和学习之用，故以局部灯光（比如台灯）照明为主，如图3-208和图3-209所示。

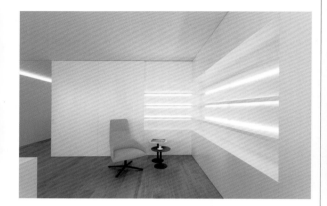

图 3-208

图 3-210

图 3-209

## 3.9 储藏室的设计

随着人们生活水平的提高及物质方面需求的日益丰富，在装饰设计中，居室的储藏空间也越来越受到重视。储藏室一般用于储藏日用品、衣物、棉被、箱子、杂物等物品。

### 3.9.1 储藏室处理要点

（1）根据居家的杂物情况，把储藏室分隔成若干个使用空间，如图3-210和图3-211所示。

（2）储藏室，集中储藏了家庭所有的器皿杂物。储藏室要设置牢固的储物架，要防潮，物件能整齐放置，便于家务管理，如图3-212和图3-213所示。

（3）储藏室面积小，方位朝向和通风相对较差，需考虑空气流通，避免在潮湿季节储存物发生虫蛀、发霉现象，如图3-214和图3-215所示。

图 3-211

图 3-212

图 3-213

图 3-214

图 3-215

### 3.9.2 储藏室的空间布局

根据储藏室面积大小,可设计成步入式和非步入式的形式。设计储藏室应根据实际需要而定,可设计成一字形、U形或L形储物架,充分利用转角空间,达到最大储藏物品的效果。储藏的物品将是决定储藏室内分隔的关键,如储藏衣物应按衣物尺寸来设计。

(1)在不规则的空间里,利用组合性佳的贴墙分体式储物架,使之完全依空间而设置,与空间紧密结合,如图 3-216 ～图 3-219 所示。

图 3-216

图 3-217

图 3-218

图 3-219

图 3-220

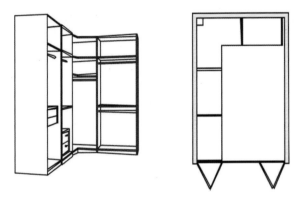

图 3-221

（2）狭小的空间里,可设计成 L 形的储物架、一字形的储物架,可分为上下两层或多层,充分利用空间,如图 3-220 ~ 图 3-223 所示。

图 3-222

图 3-223

（3）根据空间使用面积，衣柜储物架可设计成"二"字形的布局形式，如图3-224和图3-225所示。

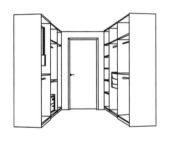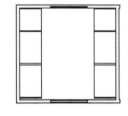

图 3-224

图 3-225

（4）在较大的空间里，可设计成U字形的衣柜储物架，如图3-226和图3-227所示。

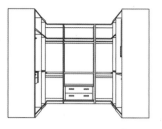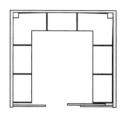

图 3-226

图 3-227

### 3.9.3 储藏室的材质及照明

储藏室空间的材质相对来说比较少，主要考虑储物架的材质强度。材质色彩应尽量单一。储物架的抽屉最好选用中密度板，这种板材具有光滑干净、不易吸潮、不易染色的特性。储藏室的墙面应选用不易磨损的材料，以便于保持干净；地面可铺地板或地毯，以便保持储藏空间的干净，不易起尘。储物架可装节能灯，以增加照明度，减少潮湿性。如图3-228～图3-231所示。

图 3-228

图 3-229

图 3-231

## 3.10　阳台的设计

　　阳台是整个居室内外空间的一个过渡区域，也是居室中人和自然接触的唯一空间，是呼吸新鲜空气、沐浴温暖阳光的理想场所，因此对阳台的装饰和美化也非常重要。按空间来划分，阳台可以分为内阳台与外阳台两种，如图 3-232 和图 3-233 所示，其中，内阳台采用窗户形式与外界隔离，外阳台向外界敞开，不封闭；按功能性来划分，阳台可以分为生活阳台与休闲阳台两种，如图 3-234 和图 3-235 所示；按建筑形式来划分，阳台一般有悬挑式、嵌入式、转角式三类。

图　3-230

图　3-232

图 3-233

图 3-234

图 3-235

## 3.10.1 阳台空间处理要点

（1）阳台设计要综合考虑承载能力；阳台底板的承载力有限（每平方米为 200～250kg），超过了设计承载能力，就会降低安全性。

（2）阳台设计要注意防水，不能破坏阳台的原有防水层。封闭式阳台要注意阳台窗的防水；开敞式阳台要注意地面的防水。

## 3.10.2 阳台的空间布局

阳台的一切设施和空间安排都要实用，同时注意安全与卫生。阳台的面积一般都不大，人们既要活动，又要种花草，有时还要堆放杂物，如果安排不当会造成杂乱、拥挤。面积狭小的阳台不应作其他功能处理，应尽量满足主要功能。

（1）生活阳台要注意洗、晾物品的空间，如图 3-236 和图 3-237 所示。

图 3-236

图　3-237

（2）休闲阳台可在阳台上设置休闲家具及简易、轻便的健身器材,作为健身娱乐场所,如图3-238～图3-241所示。

图　3-238

图　3-239

图　3-240

图　3-241

（3）阳台的美体现在与自然接触中所展现出来的生机,让人们感受到室内不能得到的美感享受。可以在阳台内培植一些盆栽花木,它既能美化生活空间环境,又有助于改善室内空间的小气候。阳台绿化是城市垂直绿化的重要组成部分。在阳台上,可以设置花槽或花盆架。根据当地气候及个人爱好,栽植各种花木。花木的种类既有常绿的盆景,又有四季鲜花;也可以种植牵牛、金银花、葡萄等藤本植物,形成立体式绿化,会使阳台显得格外清新和幽雅宁静。阳台的花草尽量选择抗虫性高的物种,而且种植带与居室需要做分隔;在阳台植物配置中避免使用株体高大的花草及乔木,如图3-242～图3-245所示。

图　3-242

图　3-243

图 3-244

图 3-245

### 3.10.3 阳台的材质及照明

阳台的材质及照明主要考虑实用、安全和美观。

（1）阳台的地面主要使用防水性能好的防滑地砖及木地板，也可利用地毯或其他材料铺饰，以增添行走时的舒适感。封闭式阳台地面铺设也可以使用同室内一样的地面装饰材料，可起到扩大空间的效果，如图 3-246 和图 3-247 所示。

图 3-246

图 3-247

（2）开放式阳台的墙面和顶部可使用外墙涂料或贴墙砖，封闭式阳台则使用内墙乳胶漆涂料，如图 3-248 和图 3-249 所示。

图 3-248

（3）阳台的吊顶有多种做法，如葡萄架吊顶、彩绘玻璃吊顶、装饰假梁等，如图 3-250 和图 3-251 所示。阳台的面积较小时，可以不用吊顶，否则会产生向下的压迫感。

🎯 图　3-249

🎯 图　3-250

🎯 图　3-251

*练习题*

　　根据某住宅原始平面图进行施工图设计。

　　要求：

　　(1) 符合施工图绘制规范。

　　(2) 设计合理。

# 第4章　居住空间陈设设计

**本章要点**

　　居住空间中的陈设设计，是设计者在室内设计过程中根据环境特点、功能需求、审美要求、使用者要求、工艺要求等要素，精心设计出高舒适度、高艺术境界、高品位的理想环境。在居住空间中，陈设设计是室内设计的重要组成部分，两者均要解决室内空间形象设计和装饰问题，以及家具、织物、灯具、绿化设置等问题。

## 4.1　陈设分类

　　室内陈设是居住空间设计的重要组成部分，是一门新兴的学科，受到时尚设计师的青睐。随着我国对外开放，国内经济迅猛发展，科学、技术、艺术相互交融，室内陈设艺术设计领域逐渐被人们所认识，并处于稳步前进的发展阶段。

　　室内陈设艺术是人类追求艺术生活的一种表现，在人类发展初期，就在住宅中出现了早期的陈设设计。人类在穴居时代已开始用反映日常生活和狩猎活动为内容的壁画作装饰，如图 4-1 所示。古埃及神庙中的象形文字石刻，中国木结构建筑的雕梁画栋，欧洲 18 世纪流行的贴镜、嵌金、镶贝壳，都是为了满足人的视觉需求。中国古代人常常称屋内的家具及摆件为"肚肠"，家具本有"屋肚肠"之称，由此可见，前人已经意识到室内陈设在居室空间中的重要地位。20 世纪以来，随着结构技术的发展，建筑内部空间不断扩大，使用功能日趋复杂。建筑内部不仅需要美化，还需要进行科学的划分，以全面满足人的精神文化、行为、心理和生理等方面的需要。室内设计逐渐成为由建筑设计衍生出来的，同时可以独立于建筑设计存在的一门重要学科，而室内陈设设计则毋庸置疑地成为室内设计过程中画龙点睛的部分。

　　现代室内陈设艺术不仅直接影响到人们的生活质量，还与室内的空间组织、能否创造高水准的美好环境有密切关联。现代室内陈设在满足人们生活需求、休息等基本要求的同时，还必须符合审美的原则，形成一定的气氛和意境，给人们带来美的享受。相应地，陈设品的基本类型有实用型、装饰型，以及两者兼具的实用装饰型。室内陈设品的种类繁多，不拘于形式，常用的有古玩、书籍、乐器、字画、雕塑、插花、绿色植物、织物（如壁挂、窗帘、台布、床罩等）、日用器皿、家用电器及其他小品，如图 4-2 ～图 4-4 所示。

图 4-1

图 4-2

图 4-3

图 4-4

### 4.1.1 功能性陈设

室内陈设一般分为功能性陈设和装饰性陈设。功能性陈设指具有一定实用价值并兼有观赏性的陈设,如家具、灯具、织物、器皿等;装饰性陈设一般只起到装饰居室的作用。

**1. 家具**

家具是室内陈设艺术中的主要构成部分,它首先是以实用特点而存在的。随着时代的进步,家具在具有实用功能的前提下,其艺术性越来越被人们所重视。从家具的分类与构造上看,可分为两类:一类是实用性家具,包括坐卧性家具、储存性家具,如床、沙发、大衣柜等,如图 4-5 ~ 图 4-7 所示;另一类是观赏性家具,包括屏风、陈设架等,起隔断及划分功能空间的作用。家具本身具有很好的观赏性,有一定的艺术价值,如图 4-8 ~ 图 4-10 所示。

图 4-5

图 4-6

图 4-8

图 4-7

图 4-9

图　4-10

实用性家具本身需要有很好的观赏性,观赏性家具也可以有一定的实用功能,两者有相同的地方,也有不同的着重点。

### 2. 灯具

灯具在室内陈设中起着照明和营造居室氛围的作用。从灯具的种类和型制来看,作为室内照明的灯具主要有吸顶灯、吊灯、地灯、嵌顶灯、台灯等,如图 4-11 ~ 图 4-13 所示。

图　4-11

图　4-12

图　4-13

客厅是公共区域,所以需要烘托出一种友好、亲切的气氛,可采用丰富一些的灯光设计。颜色应有层次,可采用落地灯与台灯作局部照明,如图 4-14 所示。卧室不能用强烈的灯光和色彩,灯光应该柔和、安静,而且应避免色彩间形成的强烈对比,如图 4-15 所示。

图　4-14

图 4-15

餐厅的照明应将就餐的注意力集中到餐桌上，光源宜采用向下直接照射并作为配光的暖色调吊线灯，可以多采用黄色、橙色的灯光，因为黄色、橙色能刺激食欲，如图4-16所示。厨房灯具要以功能性为主，灯光设计尽量明亮、实用。可以选用一些隐蔽式荧光灯来为厨房的工作台面提供照明，尽量安装在能避开蒸气和烟尘的地方，如图4-17所示。浴室灯光设计要温暖、柔和，以烘托出浪漫的情调，如图4-18所示。

图 4-16

图 4-17

图 4-18

### 3．织物

空间织物的覆盖面积比较大，能构成室内环境的主要色调和非常温馨的气氛。一般的织物令人感觉比较轻柔，因此在室内设计的过程中，用织物来表现会使人们感到亲切。在空间内做成装饰悬挂物，会具有安全感。织物的材料来源丰富，质地、图案、色彩变化效果也极其丰富。织物便于更换，吸声性强。

室内织物主要包括地毯、窗帘、家具的蒙面织物、陈设覆盖织物、靠垫、壁毯，此外，还包括顶棚织物、壁织物、织物屏风、织物灯罩等，如图4-19～图4-21所示。

图 4-19

图 4-20

图 4-21

图 4-22

图 4-23

图 4-24

（1）窗帘。窗帘可以调节室内的光线、温度、声音，可以防风，还具有吸收、防止室内外噪声和阻避外来视线的功用，它增加了室内空间的私密性与安全感。窗帘有落地窗帘、半窗帘和全窗帘等多种形式。落地窗帘是一种大型窗帘，多与大型窗及落地长窗相配合，多用于客厅、书房等。半窗帘一般安置于窗户的上半部分或扁形窗户上，开闭方便，适合儿童卧室。全窗帘是最常用的窗帘，这种窗帘实用、经济、大方，普遍用于卧室。窗帘的悬挂方式多为平开或竖拉。窗帘的材料很多，主要为棉、毛、丝、麻、化纤等，如图4-22～图4-25所示。

（2）地毯。现存最古老的绒毯是从公元前5世纪以前斯基泰人王族的墓穴中出土的。作为地面材料的地毯有如下特征：步行时令人感觉舒适，保温性好，吸声性好，耐久性好，有适度的弹性及装饰性等，如图4-26～图4-28所示。

图 4-25

图 4-26

图 4-27

图 4-28

选择地毯时,需要考虑其颜色与整个室内装修的色调搭配,应构成一个整体。手工地毯一般多用于房间的局部,机织地毯更适合于墙壁的满铺方式。地毯的铺设形式有两种:一种是在花岗石或木地板上做局部铺设,这种铺设具有移动方便、装饰效果突出的特点;另一种是满铺的地毯,它整体性强,让人感觉舒适、安全,但在铺设时应考虑其造价高、难搬动、不便于清洁等因素。

(3)陈设覆盖织物。陈设覆盖织物既可以防止尘土,减少磨损,又可以对居室局部小氛围加以营造,以方便撤换,可塑性比较强。居室主人可以根据意愿改变陈设覆盖织物,在局部进行变化,保持新鲜的感觉,防止视觉疲劳,例如不定时更换沙发套、桌布等,如图 4-29 和图 4-30 所示。

图 4-29

图 4-30

第4章 居住空间陈设设计

### 4.1.2 装饰性陈设

装饰性陈设指以装饰观赏为主的陈设,如字画、工艺品、陶瓷、装饰植物等。

#### 1. 字画

字画是一种艺术性很强的装饰品,格调高雅,最适于用作书房、客厅等场所的陈设。选择字画的内容时,应根据不同的室内环境、不同的装饰要求来决定。一般来说,书法、国画要陈设于洁雅的环境中,相比之下,油画、水彩画、水粉画等西画对环境有较大的适应性,能与多种环境相和谐。

画框款式的选择也是一个不可忽视的问题,因为它不仅可以烘托画面,而且有一定的装饰性。浅色画框明朗而精巧,深色画框庄重而典雅;国画最好镶配中式红木画框或仿红木画框;金色石膏画框适于装古典油画;一般木制画框可装水彩画、水粉画,铝合金画框轻巧简洁,适于装现代装饰画,如图4-31~图4-33所示。

图 4-32

图 4-33

图 4-31

#### 2. 工艺品

陈设的工艺品可分为两类:一类是实用工艺品,另一类是欣赏工艺品。实用工艺品的特征是既有实用价值又有装饰性;欣赏工艺品又称纯粹工艺品或装饰工艺品,专供欣赏而无实用性,如图4-34~图4-36所示。

#### 3. 陶瓷

专供陈列观赏用的陶瓷艺术制品包括瓶、尊、屏、瓷板画、薄胎碗、雕塑制品和属于日用陶瓷范围的某些高级精细品种。陶瓷艺术制品除了给人以视觉上的愉悦外,还能给居室空间加入历史文化艺术元素,如图4-37~图4-39所示。

图 4-34

图 4-36

图 4-35

图 4-37

图 4-38

分隔,对居室空间的布局、环境有积极的影响。此外,装饰植物能为居室空间带来自然的生活气息,给常年生活在室内的人们亲近自然的感觉,这是其他陈设所没有的功能,如图4-40~图4-42所示。

图 4-40

图 4-41

图 4-39

图 4-42

### 4.装饰植物

装饰植物在室内环境中不仅起到装饰的效果,还能给室内环境增添清新自然的气氛。在室内放置植物,通过它们对空间的占有、划分、暗示、联系和

## 4.2 陈设设计

陈设设计是居住空间设计的重要组成部分。室内空间中陈设设计的定义是:在室内设计的过程

中，设计者根据环境特点、功能需求、审美要求、使用对象要求、工艺特点等要素，精心设计出高舒适度、高艺术境界、高品位的理想居住空间，如图4-43所示。

图 4-43

现代人更多地开始追求生活的品质、舒适的生活环境、健康的生活方式。由于陈设艺术给人们以极大的设计自由度，可以通过陈设创造氛围，因而陈设艺术品是一种精神财富，如图4-44所示。

图 4-44

高质量的陈设艺术品和实用品还具有保值甚至升值的功能，家庭乔迁亦可以搬走，是永远的财富，因此，重视陈设可以在精神上、物质上双重受益。随着我国对外开放力度的加大，以及国内经济迅猛的发展和人们生活水平的提高，人们越来越注重舒适、美观、富有个性和品位的居住环境。陈设艺术产业已成为一个年超8000亿元的庞大消费市场。陈设艺术设计领域正逐渐被人们所认识，并处于稳步前

进的发展阶段。

陈设艺术设计与居住空间设计是相辅相成的，都是为了解决室内空间形象设计，实现艺术构想，并解决家具、织物、灯具、绿化等的设计与挑选问题。相悖处往往是侧重点和研究的深度不同。陈设艺术设计是在居住空间设计的整体创意下作进一步深入细致的具体设计工作，从而体现出文化层次，以获得增光添彩的艺术效果。

陈设艺术设计与居住空间设计是一种密不可分的关系，好像枝、叶与大树的关系，不可强制分开。只要存在居住空间设计，就会有陈设艺术的内容，只是有多与少、高与低的区别。只要是属于室内陈设艺术设计的门类，必然处在居住空间设计中，只是存在与环境是否协调的问题。但有时在某种特殊情况下，或时代形势发展的需要，室内陈设艺术设计参与居住空间设计的要素就较多，形成以陈设艺术为主的室内空间设计，在这种情况下，室内陈设艺术设计也应该说是居住空间设计，是独具特色与艺术感染力的设计佳品，如图4-45所示。

图 4-45

室内陈设品的运用非常广泛,但是最值得我们重视的是对室内设计的整体效果的影响,这是选择室内陈设品时关键的环节。在设计时不但要决定艺术品的造型和放置位置,还应对它的主题和表现手法提出具体要求,以反映空间的个性和气氛。

下面介绍居住空间陈设艺术设计的一般原则。

(1) 统一性原则。室内陈设品要与室内的基本风格和空间的使用功能相协调。室内"物质建设"以自然的和人为的生活要素为基本内容,使人体生理获得健康、安全、舒适、便利为主要目的,兼顾实用性和经济性,如图4-46所示。

图 4-46

(2) 均衡性原则。陈设品的形式、大小和色彩要与室内空间的大小尺度和色调相一致,如图4-47所示。陈设品的布置方式要以保证室内空间交通流线的通畅为原则。考虑陈设品材质的选择,不同材质和肌理会带来不同的视觉和心理感受,如图4-48所示。

图 4-47

图 4-48

(3) 单一性原则。考虑陈设品的民族特色和文化特征。不同地域、不同职业和不同文化程度的人对陈设品的选择各不相同。从原则上讲,单一性原则须充分发挥其共性和个性。

共性追求的是美化室内视觉环境的有效方法,是建立在装饰规律中形式原理和形式法则的基础上的,如图4-49所示。室内的造型、色彩、光线和材质等要素都必须在美学原理的制约下获得愉悦感受和鼓舞精神,达到陶冶人们情操的美感效果。

图 4-49

个性是表现室内性灵境界的理想选择,是完全建立在性情爱好、生活阅历和学识教养深度的因素之上,反映出人们不同的情趣和格调。喜欢才有共鸣,才能满足和表现每个个人和群体的特殊精神品质和心灵内涵。可以说,对室内陈设品的选择,是主人的个性品质和精神内涵的体现。

共性与个性经常共同创造温情空间,所以室内陈设艺术设计必须符合大众审美原则和满足个体的个性需要,使有限的空间发挥最大的艺术形式效应,从而创造出富于情感的居室空间生活环境。

一个好的居住空间设计加上一些小陈设的点缀,往往可使居室别有一番情趣,并充分反映主人在精神层次方面的需求。一张舒适的座椅、一块柔软的地毯、一张干净的茶几、一副美轮美奂的窗帘、一幅文雅的字画、一个晶莹剔透的花瓶、一张清新的桌布、一件精致的器皿等，都是组成美丽家居生活重要的一部分，如图4-50和图4-51所示。

🎨 图　4-50

🎨 图　4-51

　　陈设品的选择搭配体现了主人的文化层次和个性。每件陈设艺术品的选择都是带有强烈的个人爱好的印记。采用与室内整体风格协调一致的陈设艺术品，在统一的共性中加入个性的元素，可以避免呆板和单调，另外，通过对比可产生强烈的视觉艺术效果。如果室内风格或形式非常独特，陈设品应尽量采取与之相协调的方式；反之，则可采用个性鲜明、形象突出的陈设品，使之成为室内的视觉焦点。

　　居住环境就像一幅艺术作品，而室内每件物品都是这幅作品上不可或缺的重要一笔。家居陈设是居住空间设计中很重要的一部分，它所涉及的范围比较广，大到家具，小到一件小小的挂件，都是陈设的内容。家居陈设的选择和布置直接决定了家居的风格特点，是渲染家居氛围的重要方式。主人的生活品味、文化涵养、性格特点可以通过居室陈设得到

直接体现，因此，家居陈设不仅不能忽视，而且要花费一番心思，如图4-52～图4-54所示。

🎨 图　4-52

🎨 图　4-53

图 4-54

练习题

陈设的意义及作用是什么?

# 第5章　居住空间绿色设计

**本章要点**

　　绿色设计一直是空间设计研究的热点。绿色设计又称生态设计，旨在建立人与自然和谐发展的设计理念，避免对环境的破坏、生态的污染、能源的过度消耗。居住空间设计所使用的材质涉及钢铁、有色金属、木材、陶瓷、塑料、玻璃等多种材质及化工、纺织等多个行业。施工可能引发出的种种环境问题和社会问题如不及时解决、引导，将有可能发展成为破坏居住生态环境的主要因素，因此，体现可持续发展思想的绿色室内设计受到越来越多的重视。

　　绿色设计已成为当前居住空间室内设计研究的热点。20世纪90年代以来，随着国家经济生活的发展，室内设计所使用的材质已涉及钢铁、有色金属、化工、纺织、木材、陶瓷、塑料、玻璃等多种行业。室内设计施工引发出的种种环境和社会问题如不及时解决、引导，将有可能成为破坏居住生态环境的主要方面。从目前国内的总体状况看，所反映出的问题可以归纳为四方面。

　　第一，普遍存在追求豪华、新颖、时髦、气派的倾向。在某些住宅设计中过分使用不锈钢、铝板、铜条、塑料、玻璃、锦缎、木材、磨光石材、大理石板等材料，甚至在某些所谓的豪宅中用大理石板装修墙壁，用不锈钢包装柱子，大量耗用不可再生的珍贵装修材料。

　　第二，现代室内装饰中大量使用了人工合成的化学材料，其中相当一部分化学材料含有对人体有危害的物质。这些物质在使用中会长时间不断地挥发出来，产生刺激性气味，污染室内空气，引起居住者的不适，影响身体健康。

　　第三，由于室内装饰的"时尚性"，室内装饰处在不断地更新过程中，而被拆除的建筑装饰材料，由于不能再生循环利用而被丢弃成为建筑垃圾，成为环境的污染源。

　　第四，把居住空间设计仅仅看成装饰材料的运用，看成室内空间中被装饰部位的形式、比例、色彩、符号的重组、构成，忽视室内设计的技术内涵。如室内设计中自然光的运用，设计与自然通风的结合，绿色景观在室内设计中的创造，生态建筑材料在室内设计中的使用等。现代室内设计中大量使用的人工照明和人工空调隔离了人和自然的联系。

　　最近几年，我国室内装饰投资在工程总投资中所占比例越来越高，现代居住空间设计所带来的资源和能源的高消耗及对环境的严重破坏所引发的生态问题已不是一个简单的技术问题,它昭示了现代室内设计的不可持续性。正是在这种背景下,体现可持续发展思想的居室绿色设计被提到日程上,将会逐渐发展成居住空间室内设计的主流,并在实践中不断充实完善。

## 5.1 厨房绿色设计

厨房在住宅的家庭生活中具有重要的作用。操持者一日三餐的洗切、烹饪、备餐以及用餐后的洗涤餐具与整理等,一天中常有几个小时都消耗在厨房。厨房操作在家务劳动中也较为劳累,有人比喻厨房是家庭中的"热加工车间"。因此,现代住宅室内设计应为厨房创造一个洁净明亮、操作方便、通风良好的氛围,在视觉上也应给人以井井有条、愉悦明快的感受。厨房应有对外开窗的直接采光与通风,如图 5-1 ~ 图 5-3 所示。

图 5-1

图 5-2

图 5-3

### 5.1.1 厨房绿色设计的基本要求

**1. 厨房环境**

厨房环境通常存在以下问题:一是厨房人居环境环保性差,厨房油烟和污水污染是人居环境的主要污染源之一。二是厨房存在使用功能问题,厨房没有实现标准化,尺寸类型太多,空间设计不合理,不能满足应有的功能。实用与方便的厨房设计必须要符合人体工程学的原理,方便使用,最大限度地减轻操作者的劳动强度,以提高工作效率。三是排气道设计不合理,致使排气不畅产生串烟问题,不能有效地排除厨房污染气体,并导致交叉污染。装修设计时,不得移动煤气管道或将煤气管道密封于墙体内。四是厨房产业化程度低,面积标准不合乎要求,存在不能配置成套厨房设备等问题,应合理布局灶(炉)具、抽油烟机、热水器、水池、壁柜、冰箱等;设备的布置必须符合人体工程学的原理,要有利于其使用、清洁、维修及安全。厨房的各种装饰物不得影响采光、照明和通风,如图 5-4 和图 5-5 所示。

**2. 厨房用具**

厨房家电作为厨房中的核心部件,是否具有健康、环保的功能显得十分重要。据研究,厨房污染主要有油烟污染、噪声污染、电磁辐射等,如油烟机吸力是否够大,噪声是否较小,应对燃料、燃烧炉具、厨房净化、结构的全过程进行有效的整体改造。选购燃气灶具时一定要注意质量,要使用燃气能够充分燃烧的灶具。另外,应注意充换气,最好在厨房向外的墙上安装一架功率较大的双向换气扇,同时在炉具上方安装脱排油烟机,把有害气体对人体的危害减少到最低点。除了以上措施外,绿化厨房也是一个既能保证人体健康又能美化环境的一举两得的办法,可以在厨房内摆几盆成活率高、生命力强、耐阴的绿色植物,它们不仅能净化空气,而且是家庭格调的独特体现,如图5-6和图5-7所示。

图 5-4

图 5-5

图 5-6

图 5-7

### 3. 合理分配橱柜空间

在规划空间时,尽量依据使用的频率来决定物品放置的位置,如将滤网放在水槽附近,锅具放在炉灶附近等;而食物柜的位置最好远离厨具与冰箱的散热孔,并保持干燥和清洁,如图5-8和图5-9所示。在收纳物品时,当然还要注意安全问题。

图 5-8

### 4. 厨房的照明

利用充足的照明增进效率,避免危险。对于厨房的照明,灯光应从前方投射,以免产生阴影而妨碍工作。除利用可调式的吸顶灯作为普遍式照明外,在橱柜与工作台上方装设集中式光源,可以让烹饪操作以及找物更为方便、安全。在一些玻璃储藏柜内可加装投射灯,特别是在内部储放一些有色彩的餐具,能达到很好的装饰效果。厨房的色彩可根据个人喜爱选择,通常采用中性色调。中央照明宜采用吸顶灯;灶台、工作台的局部照明,可用嵌入式日光灯或射灯,如图 5-10 和图 5-11 所示。

🔧 图 5-9

🔧 图 5-10

🔧 图 5-11

**1. 注意装饰材料耐水性**

厨房是一个潮湿且易积水的场所,所以地面、操作台面的材料应不漏水、不渗水,墙面、顶棚材料应耐水,可用水擦洗,如图 5-12 所示。

🔧 图 5-12

**2. 注意餐具不要暴露在外**

厨房里锅碗瓢盆、瓶瓶罐罐等物品既多又杂,如果裸露在外面,则易沾油污且难以清洗,如图 5-13 所示。

🔧 图 5-13

**3. 注意装饰材料的阻燃性**

厨房里使用的表面装饰材料必须注意防火要求,尤其是炉灶周围更要注意材料的阻燃性功能。地面宜选用防滑、防水、易于清洗的瓷砖等材料,墙面宜用防火、抗热、防潮的材料,水龙头应采用有冷热水功能的瓷心水龙头,如图 5-14 所示。

图 5-14

### 4. 注意橱柜及各装饰界面的收口工艺

厨房是个容易藏污纳垢的地方，应尽量使其不要有夹缝。例如，吊柜与天花板之间的收口缝隙就应尽力避免，因天花板容易凝聚水蒸气或油渍，柜顶又易积尘垢，所以它们之间的夹缝日后就会成为日常保洁的难点。水池下边管道缝隙也不易保洁，应用门封上，里边还可利用起来放垃圾桶或其他杂物。在装饰材料运用上也尽量不使用马赛克，马赛克面积较小，缝隙多，易藏污垢，且又不易清洁，使用久了还容易产生局部块面脱落，因此厨房里最好不要使用，如图 5-15 所示。

图 5-15

## 5.2 卫生间绿色设计

卫生间绿色设计是目前国际设计的潮流，它反映了人们对于现代科技文化、环境以及生态问题的反思。卫生间绿色设计的核心是要减少物质和能源的消耗及有害物质的排放，如图 5-16～图 5-18 所示。

图 5-16

图 5-17

图 5-18

### 5.2.1 卫生间的分类

现在的卫生间（如图 5-19 和图 5-20 所示）已经从过去单纯的"五谷轮回之所"演变成设备多

样、功能齐备的家庭公共空间,因此我们必须对卫生间有新的认识和了解,归结起来主要可分为独立型、兼用型、折中型等。

图　5-19

图　5-20

## 1. 独立型

浴室、厕所、洗脸间等各自有独立的卫生间,称为独立型。独立型卫生间的优点是各室可以同时使用,特别是在高峰期可以减少互相干扰。各室功能明确,使用起来方便、舒适。它的缺点是空间面积占用多,建造成本高。

## 2. 兼用型

卫生间中把浴盆、洗脸池、便器等洁具集中在一个空间中,称为兼用型。在兼用空间外单独设立洗衣间,可使家务工作简便、高效;洗脸间也独立出来,则其作为化妆室的功能会变得更加明确。如果洗脸间位于中间,可兼作厕所与浴室的前室。卫浴空间根据使用功能在内部分隔,而总出入口只设一处,利于布局。兼用型的优点是节省空间、经济实用、管线布置简单等;缺点是一个人占用卫生间时影响其他人的使用。此外,面积较小时,储藏等空间很难设置,不适合人口多的家庭。兼用型空间内一般不适合放洗衣机,因为入浴等湿气会影响洗衣机的寿命,如图5-21和图5-22所示。

图　5-21

图 5-22

### 3. 折中型

卫浴空间中的基本设备部分独立、部分放到一处的情况称为折中型。折中型卫生间的优点是相对节省一些空间,组合比较自由;缺点是部分卫生设施设置于一室时,仍有互相干扰的现象。

### 4. 其他形式

除了上述几种基本布局形式以外,卫浴间还有许多更加灵活的布局形式,这主要是因为现代人给卫浴空间注入新概念,增加了许多新要求的结果。因此,在卫生间的装饰中不要拘泥于条条框框,只要自己喜欢,同时又方便、实用就好,如图5-23和图5-24所示。

图 5-23

图 5-24

### 5.2.2 绿色卫生间的装饰设计

卫生间是家中最隐秘的一个地方,对卫生间进行精心设计,才能保证居住者的健康与舒适。

### 1. 卫生间的空间性质

卫生间是多样设备和多种功能聚合的家庭公共空间,又是私密性要求较高的空间,同时在卫生间又可以做一定的家务活动,如洗衣、储藏等。它所拥有的基本设备有洗脸盆、浴盆、淋浴喷头、抽水马桶等,并且在梳妆、浴巾、卫生器材的储藏以及洗衣设备的配置上给予一定的考虑。从原则上讲,卫生间是家居的附设单元,面积往往较小,其采光、通风的质量也常常被牺牲,以换取总体布局的平衡。在住宅中卫生间的设备与空间的关系应得到良好的协调,对不合理或不能满足需要的卫生间及设备进行改善。在卫生间的格局上,应在符合人体工程学的前提下予以补充、调整,同时注意局部处理,充分利用有限的空间,使卫生间能最大限度地满足家庭成员在洁体、卫生、工作方面的需求,如图5-25和图5-26所示。

### 2. 卫生间的色彩

卫生间的色彩与所选洁具的色彩是相互协调的,通常卫生间的色彩以暖色调为主,如图5-27和图5-28所示。

图 5-25

图 5-26

图 5-27

图 5-28

### 3. 卫生间灯光照明方式

从环境上来讲,浴室应具备良好的通风、采光及取暖设备,在照明上采用整体与局部结合的混合照明方式。卫生间要设计强制换气设备,另外采光、布灯、色彩等的搭配应合理。卫生间虽小,但光源的设置却很丰富,往往有 2 ~ 3 种色光及照明方式综合利用,对形成不同的气氛起着不同的作用。在有条件的情况下,洗面、梳妆部分用无影照明则是最佳选择。

### 4. 卫生间的材料

材质的变化要利于清洁及考虑防水,建议选用石材、面砖、防火板等;在标准较高的场所也可以使用木质材料,如枫木、樱桃木、花樟等;还可以通过艺术品和绿化的配合进行点缀,以丰富色彩的变化,选择经济、实用的绿色装饰材料十分重要。绿色装饰材料指在其生产制造和使用过程中既不会损害人体健康,又不会导致环境污染和生态破坏的健康型、环保型、安全型的室内装饰材料。墙面采用光洁素雅的瓷砖,顶棚宜用铝合金扣板、玻璃和半透明板材等吊顶,亦可用防水涂料装饰,地面应采用防水、耐脏、防滑的地砖、花岗岩等材料。卫生间墙壁须用防水性强并具有抗腐蚀与抗霉变的瓷砖(或玻璃砖)贴满;地面最好采用凸起花纹的防滑地砖。铺设地砖时要在表层下做防水层,选用水泥砂浆将地面找平,涂防水涂料;铺贴前还要在地砖上做背涂处理,可以减少"水渍"现象;防水层四周与墙接触处,应向上围起,高出地面 25 ~ 30cm,如图 5-29 所示。

图 5-29

### 5. 植物

绿色植物与光滑的瓷砖在视觉上是绝配,给沉闷的卫生间带来生机和清新的空气。卫生间温暖潮湿如同温室,所选的绿色植物要喜水、不喜光,而且占地较小,最好只在窗台、浴缸边或洗手台边占一个角落。光线较暗的卫生间更适合摆放干花,如可以买两只自己喜欢的广口瓶,将干花插入瓶中,每隔一段时间滴几滴香水,香味可以保持一周以上。还可以将鲜柠檬切成片,干燥后放入器皿中置于卫生间内,可以防霉、除异味。但是,一定不要直接将柠檬片放在陶瓷表面,留下的印痕很难清除。

### 6. 卫生间的通风

选择有窗户、光线充足的卫生间是最佳选择,如图 5-30 所示。如果是光线较暗的卫生间,为了使卫生间不阴暗潮湿,除了装一个功率大、性能好的换气扇外,还要注意避免"包裹",尤其是在临近地面的地方。许多人喜欢把管子包得严严实实的,或者干脆在洗手台下面做个储物柜,结果潮气被包在里面散不出去,很不卫生。布局合理的卫生间应当有干燥区和非干燥区之分。非干燥区不利于储物;即使是干燥区,卫生纸、毛巾、浴巾等如果长期放置,也一定要用隔湿性好的塑料箱存放,避免受潮,要保证它们拿出来使用时没有一点水汽。电线和电器设备的选用和设置应符合电器安全规程的规定。

⊕ 图 5-30

### 7. 卫生间的下水

地漏水封高度要达到 50mm,才能不让排水管道内的气体排入室内。地漏应低于地面 10mm 左右,排水流量不能太小,否则容易造成阻塞。如果地漏四周很粗糙,很容易挂住头发、污泥,造成堵塞,还特别容易繁殖细菌。地漏箅子的开孔孔径应该控制在 6 ～ 8mm,这样才能有效防止头发、污泥、沙粒等污物进入地漏。

### 8. 卫生间的其他情况

①卫生间的浴具应有冷热水龙头。浴缸或淋浴宜用活动隔断分隔。②卫生间的地坪应向排水口倾斜。③卫生洁具的选用应与整体布置协调。④卫生间设计应综合考虑盥洗、卫生间、厕所三种功能的使用,如图 5-31 ～ 图 5-34 所示。

⊕ 图 5-31

⊕ 图 5-32

图 5-33

图 5-34

## 5.3 居室空间中其他绿色设计

真正的绿色居住环境既包括人工环境,也包括自然环境。在进行绿色环境规划时,不但要重视创造景观,同时还要重视环境融合,生态绿化要以整体的观点考虑持续化、自然化。绿色住宅体现在无废无污、高效和谐的良性循环上。绿色住宅倡导"绿色设计",主张创造质朴、自然的生活空间。将绿色引入家庭空间,既有利于身体健康,又美化了居室空间,如图 5-35 所示。

图 5-35

### 5.3.1 绿色设计原则

绿色设计就是要使居室装饰装修符合健康、可回收、低污染、省资源的原则。在设计上要使房间拥有充分的空间来容纳大自然的光线与色彩。住宅自然采光是绿色住宅的一个大理念,在工作疲倦时还可以放松精神。同时,在装修居室时,要选用那些隔音、吸音效果好的装饰材料,以阻隔窗外的噪音,达到安宁静谧的效果。应该尽可能多地使用自然材料和高科技人工饰材,如使用铁、木、藤、石等无污染的自然材料,创造质朴、自然情趣的生活空间。整体设计要体现居室的个性化、功能化、多样化,创造出既体现时代精神又体现个性价值的居室空间。

**1. 顶面材料的选择**

居室的层高一般不高,可不做吊顶,将原天花板抹平后刷水性涂料或贴环保型墙纸。若局部或整体吊顶,建议用轻钢龙骨纸面石膏板、硅钙板、埃特板等材料代替木龙骨夹板。

**2. 墙面装饰材料的选择**

居室墙面装饰尽量小面积使用木制板材装饰,

可将原墙面抹平后刷水性涂料,也可选用新一代无污染PVC环保型墙纸,甚至采用天然织物,如棉、麻、丝绸等作为基材的天然墙纸。

### 3. 地面材料的选择

地面材料的选择面较广,如地砖、天然石材、木地板、地毯等。地砖一般没有污染,但居室大面积采用天然石材,应选用经检验不含放射性元素的板材。选用复合地板或化纤地毯前,应仔细查看相应的产品说明。若采用实木地板,应选购有机物散发率较低的地板黏结剂。

### 4. 木制品涂装材料的选择

木制品最常用的涂装材料是各类油漆,是众所周知的居室污染源。不采用含苯稀释剂,应使用刺激性气味较小、挥发较快的油漆。

### 5. 软装饰材料的选择

窗帘、床罩、枕套、沙发布等软装饰材料最好选择含棉麻成分较高的布料,并注意染料应无异味,稳定性强且不易褪色。

### 6. 利用绿色室内空间

将植物引进居室空间,使内部空间兼有自然界外部空间的因素,达到内外空间的过渡。利用室内绿化中植物特有的曲线、柔软的质感、悦目的色彩和生动的影子,可以改变人们对空间的生硬印象并产生柔和的情调,如图5-36所示。

**图 5-36**

### 5.3.2 客厅的绿色设计

客厅是家中功能最多的一个地方,朋友聚会、休闲小憩、观看电视等都在这里进行,是一个非常重要的活动空间。客厅是彰显主人品位的折射点,朴素美观、典雅大方的盆景是体现主人意趣的首选。郁郁葱葱的精致盆景犹如绿色瀑布直泻而下,仿佛置身大自然之中。

(1)客厅应该光线充足,所以应在阳台上尽量避免摆放太多浓密的盆栽,以免遮挡阳光。明亮的客厅能使人心情舒畅。

(2)居室客厅的植物陈设关系到家庭的和睦及人际脉络的培养,通常以中、小型盆栽或插花方式为主,避免选用大型盆栽,否则易招来蚊虫和使人产生压迫感。特殊节庆活动可做短暂的布置,平日工作忙碌的家庭可选择绿色观叶植物以舒缓压力,假日休闲时可换上色彩较缤纷的花叶来装饰。最好是在客厅中摆放至少一株1.8米的观叶植物,至少3盆小型盆栽。配置植物首先应着眼于装饰美,数量不宜过多,否则不仅杂乱,植物生长状况亦会不佳。植物的选择须注意中小搭配。要注意植物的摆放位置,以免阻碍家人活动,或显得杂乱无章。大型盆栽植物,如巴西木、假槟榔、香龙血树、南洋杉、苏铁树、橡皮树等可摆放在客厅入口处、大厅角落、楼梯旁;小型观叶植物,如春羽、金血万年青、彩叶芋等可摆放在茶几、矮柜上;中型观叶植物,如棕竹、龙舌兰、龟背竹等悬挂植物以及常春藤、鸭拓草等可摆放在桌柜、转角沙发处,如图5-37所示。

**图 5-37**

(3)客厅吉祥植物的布置也很重要。盆景花叶须圆且大,忌选针叶类及杜鹃。盆景花以发财树、万年青之类的植物最佳,因为这类植物象征着主人积极向上、乐观进取的人生态度。植物的高度最好是房子的一半高度以上,若花瓶的高度不够,则可用架子垫高,使人一进门便可恰到好处地捕捉到这道风景,可谓美不胜收,如图5-38所示。

图 5-38

## 5.3.3　阳台的绿色设计

　　阳台是居住者接受光照,吸收新鲜空气,以及进行户外锻炼、观赏、纳凉、晾晒衣物的场所,阳台的布置要适用、实惠、宽敞、美观。

　　阳台的具体设计原则是一切设施和空间安排都要注重实用,同时注意安全与卫生。如果是封闭式阳台,可在阳台沿口安上铝合金或塑钢窗,装饰成具有专一功能的场所,如装饰为专供种养花草的暖房,或装饰为书房、卧室等。阳台的面积一般都不大,一般为 $3 \sim 4m^2$ ,人们既要活动,又要种花草,有时还要堆放杂物,如果安排不当会造成杂乱、拥挤。面积狭小的阳台不应作太多的安排,尽量省下空间来满足主要功能。阳台的美体现在与自然接触中所展现出来的生机上,应让人们感受到一般室内不能得到的美感享受。可以在阳台内培植一些盆栽花木,既可观赏又可遮阳,如图 5-39 所示。

图　5-39

## 5.3.4　卧室的绿色设计

　　卧室是休息的场所,营造恬静的气氛很重要,色彩淡雅的盆花会给你带来安静的感觉,使生活充满情趣。根据卧室状况进行绿化布置,不仅是针对单独的物品和空间的某一部分,而是对整个环境要素进行安排,可以将个别的、局部的装饰组织起来,以取得总体的美化效果。卧室绿化装饰是指按照室内环境的特点,根据美学、生物学和环境学的原理,利用以室内观叶植物为主的观赏材料,使绿化与卧室环境相协调,形成一个统一的整体,达到人、卧室环境与大自然的和谐统一,从而实现房间的净化、美化和绿化的目的。现在人们对卧室环境污染越来越重视,在家庭装修中,绿化装饰对空间的构造也可发挥一定作用。可根据人们生活需要运用成排的植物,如攀缘上格架的藤本植物可以成为分隔空间的绿色屏风,同时又将不同的空间有机地联系起来。运用植物本身的大小、高矮可以调整空间的比例感,充分提高室内有限空间的利用率,如图 5-40 所示。

图　5-40

## 5.3.5 书房的绿色设计

书房是静心学习的场所,雅致的绿色植物可充分体现主人的雅静淡泊,如图 5-41 所示。植物是人体健康的卫士,在居室装饰中经过设计师的精心设计,适当摆放一些植物,不仅可以吸收室内的有害物质,改善室内空气质量,给人一种深居自然环境中的轻松和谐的感受,而且可以烘托家庭氛围,陶冶生活情趣,提高文化品位。环保设计的另一方面就是色彩的搭配和组合,恰当的色彩选用和搭配可以起到健康和装饰的双重功效,如文雅娴静的富贵竹、叶型的吊兰都能让人心思宁静,并沉醉于书香。

☼ 图 5-41

---

*练习题*

请说明家居绿色设计有哪些元素。

要求:

(1) 要求字数在 2000 字左右。

(2) 搜集有关家居绿色设计的素材加以佐证。

# 第6章　居住空间设计材料的运用

## 6.1　居住空间设计材料的分类

居住空间室内装饰材料的选用，是室内装饰装修中涉及最终效果的实质性的重要环节，它最为直接地影响到室内设计整体的实用性、经济性，以及环境气氛和美观与否。居住空间设计应熟悉材料质地及性能特点，了解材料的价格和施工操作工艺要求。

### 6.1.1　居室装饰材料

居室装饰材料种类繁多，大致可分为以下几种。

（1）按材质划分，有塑料、金属、陶瓷、玻璃、木材、无机矿物、涂料、纺织品、石材等种类。

（2）按功能划分，有吸声、隔声、防水及防潮、防火、防霉、耐酸碱、耐污染等种类。

（3）按化学成分划分，包括以下方面。

● 非金属类：无机材料、有机材料、复合材料。

● 金属类：黑色金属、有色金属。

（4）根据具体构造划分，包括以下方面。

● 天花及灯池。

● 墙面构造：抹灰、涂料、壁纸、木饰、石材、软包、金属板、镜面等。

● 固定配套设施：酒吧台、服务台、柜台、展台、喷水池、花池等。

● 地面构造：油漆、地砖、地板革、马赛克、花岗石、地毯、木地板。

## 6.1.2　居室装饰施工常用材料

### 1.骨架材料

室内装饰工程材料中,用来承受墙面、地面、顶棚等饰面材料的受力架称为骨架(又称龙骨),它主要起固定、支撑和承重作用,主要用于天花、隔墙、棚架、造型、家具等。骨架的主要材料有木材、轻钢、铝合金、塑料等。

### 2.饰面材料

饰面材料也叫贴面板,是家居装修中一种主要的面层装饰材料,属胶合板系列,是以胶合板为基础,表面贴各种天然及人造板材贴面。它具有各种木材的自然纹理和色泽,广泛应用于家居空间的面层装饰。常用的有木质饰面板、木质人造板材、矿物人造板、金属饰面板等,如图6-1～图6-4所示。

💠 图　6-4

### 3.地板及墙地砖装饰材料

地面装饰材料是整个装饰材料中的重要组成部分。传统的地面装饰材料有木地板、大理石、花岗石、水磨石、陶瓷地砖、陶瓷锦砖等。木质地板是指楼、地面的面层采用木板铺设,然后再进行油漆饰面的木板地面,它具有弹性好、耐磨性能佳、蓄热系数小及不老化等优点;而墙地砖是釉面砖、地砖与外墙砖的总称,如图6-5～图6-8所示。

💠 图　6-1

💠 图　6-5

💠 图　6-2

💠 图　6-6

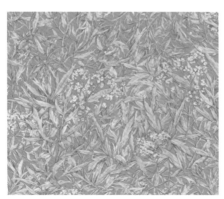

💠 图　6-3

💠 图　6-7

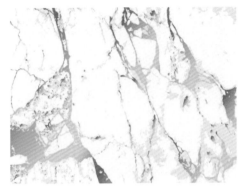

图 6-8

### 4.玻璃装饰材料

玻璃是由石英砂、纯碱、石灰石等主要原料与某些辅助性材料经 1550～1600℃ 高温熔融,成型并经急冷而成的固体。随着科技的发展,玻璃已成为居室装修中不可缺少的装饰材料。由于它具有透光、透视、隔声、隔热、保温以及降低建筑结构自重的性能,因而不仅用于门窗,还有着逐步取代砖瓦混凝土并向用于墙体和屋面方向发展的可能,如图 6-9～图 6-12 所示。

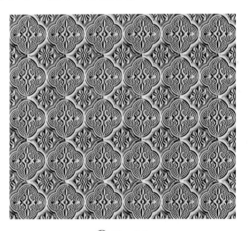

图 6-9

图 6-10

图 6-11

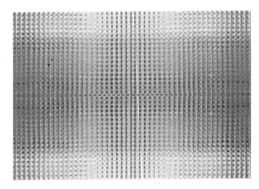

图 6-12

### 5.石质装饰材料

居室装饰工程使用的饰面石材有天然石（大理石、花岗石）饰面板及人造石（人造大理石、预制水磨石）饰面板。大理石主要用于室内,花岗石主要用于室外,均为高级饰面材料。人造石材在建筑装饰工程中也得到了广泛应用。天然饰面石材除大理石、花岗石之外,还有板岩、锈板、砂岩、石英岩、瓦板、蘑菇石、彩石砖、卵石等。大理石、花岗石不仅用于墙面柱面的装饰,而且用于地面、台阶、楼梯、水池和台面等造型面。花岗石也常用于室外装饰;而其他石材一般用于室内墙面或室外,如图 6-13～图 6-16 所示。

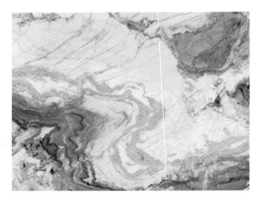

图 6-13

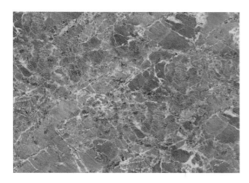

图 6-14

图 6-15

图 6-16

### 6. 金属装饰材料

金属材料用在居室装饰工程上可分为两大类：一类为结构材料，一类为装饰材料。结构材料较厚重，有支撑作用，多用作骨架、支柱、扶手、楼梯；而装饰材料薄且易于加工处理，可铸冶为成品，半成品或作天花扣板用。金属材料具有耐久性强、容易保养、色泽效果佳、塑性大的特色，如图 6-17 ~ 图 6-20 所示。

### 7. 线条类材料

线条类材料是居室装饰工程中各平接面、相交面、分界面、层次面、对接面的衍接口、交接条的收边封口材料。线条类材料对装饰质量、装饰效果有着举足轻重的影响。线条类材料在装饰结构上起着固定、连接、加强装饰饰面的作用。线条类材料主要有木线条、铝合金线条、铜线条、不锈钢线条、塑料线条、石膏线条等类别，如图 6-21 和图 6-22 所示。

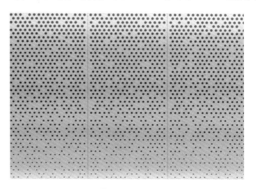

图 6-17

图 6-18

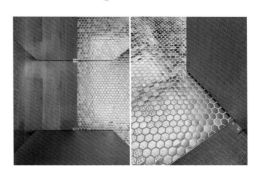

图 6-19

图 6-20

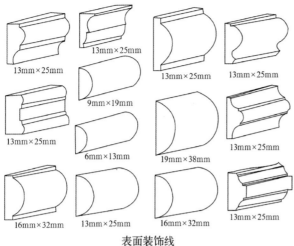

13mm×25mm 13mm×25mm 13mm×25mm 13mm×25mm
9mm×19mm
13mm×25mm 6mm×13mm 19mm×38mm 13mm×25mm
16mm×32mm 13mm×25mm 16mm×32mm 13mm×25mm

表面装饰线

🔧 图 6-21

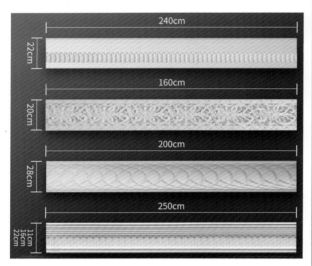

240cm
22cm
160cm
20cm
200cm
28cm
250cm
11cm
16cm
22cm

🔧 图 6-22

🔧 图 6-23

### 8. 卷材类装饰材料

卷材类装饰材料质地柔软,给人温暖舒适的触感,又具有欣赏价值,主要有壁纸、壁布、地毯、织物等。壁纸(布)是室内装修中使用最为广泛的墙面、天花板面装饰材料,其图案变化多端,色泽丰富。通过印花、压花、发泡可以仿制许多传统材料的外观,甚至达到以假乱真的地步。壁纸(布)除了美观外,也有耐用、易清洗、寿命长、施工方便等特点,如图6-23和图6-24所示。地毯是一种有悠久历史的产品,它原是以动物毛(主要为羊毛)为原始原料,并用手工编织的一种既有实用价值又具欣赏价值的纺织品。随着科技的发展,地毯也逐渐可以以毛、麻、丝及人造纤维材料为主要原料进行人工或机械编织,如图6-25和图6-26所示。

🔧 图 6-24

图 6-25

图 6-26

### 9.涂料类装饰材料

涂料是油漆和一般涂料的总称,是指涂敷于物体的表面,能与物体黏结牢固,形成完整而坚韧的保护膜的一种材料。涂料是居室装饰工程中常用的一种材料,具有装饰和保护的作用。某些品种的涂料还具有特殊的性能,如防霉变、防火、防水等功能。

### 10.辅助材料

居室装饰施工的辅助材料很多,包含五金配件、胶黏剂、密封材料、保湿、吸声材料等,在建筑装修施工中是必不可少的配套材料。随着新材料、新技术的发展,辅助材料的种类会越来越多。

## 6.2 绿色材料的运用

室内装饰材料可供选择的品种较多,其选择主要取决于室内装饰设计的基调和材料本身的功能,因此,要根据材料的色彩、质感、光泽、性能多方面综合考虑,使其与建筑艺术能达到完美统一。

### 6.2.1 材料色彩的选择

人们进行室内设计的目的就是要造就环境,而造就优美环境的目的正是为了人们生活的舒适性,否则,任何设计都毫无意义。然而各种装饰材料的色彩、质感、触感、光泽、耐久性等性能的正确运用,将会在很大程度上影响材料色彩的选择。

(1)根据空间功能的特点明确区分色彩,如图 6-27 和图 6-28 所示。

图 6-27

图 6-28

（2）运用对比色达到强调某种艺术气氛的目的，如图 6-29 和图 6-30 所示。

图 6-29

图 6-30

（3）以各种色彩的和谐创造舒适的环境，如图 6-31 和图 6-32 所示。

图 6-31

图 6-32

优美的装饰效果并不在于多种材料的堆积，而在研究材料内在构造和审美的基础上仔细选材，其目的在于材料的合理配置与质感的和谐运用。

## 6.2.2 居室装饰材料选用的原则

在选用某种居室装饰材料时，必须先对该材料的特性、使用环境，结合装饰主体的特点进行分析比较，才能达到保证装饰质量，以及提高施工速度和降低造价的总目标。

### 1. 考虑区域特点

一座建筑物所处的区域环境与装饰材料之间有着密切的关系。首先，区域的气象条件，如温度、湿度变化等都对装饰材料的选择有很大影响；其次，该区域的建筑特点和风俗习惯也是选择装饰材料的主要依据，如图 6-33 和图 6-34 所示。

图 6-33

🌀 图　6-34

## 2．满足使用功能

在选择居室装饰材料时，应根据居室装饰设计的目的和具体装饰部位的使用功能来考虑。例如，外墙面的装饰除了美化环境之外，是否需实现保护墙体的功能，使其有效地提高建筑物的耐久性；内墙面的装饰除了美化室内以外，是否还需弥补墙体热工功能、声学功能等；在台面板的使用中，是否需选用美观的或具有耐用性的装饰材料。因此，为了满足使用功能上的需要，对于起防震或防护作用的装饰材料应具有相适应的力学性能；对于易起火或有腐蚀性场所，则应选择抗火性强或耐蚀性好的材料，才能达到使用及装饰的效果，如图 6-35 和图 6-36 所示。

🌀 图　6-35

🌀 图　6-36

## 3．满足装饰功能

居室装饰是一种艺术，它也是造就和改变人居环境的技术，这种环境应该是自然环境与人造环境的高度统一与和谐。各种装饰材料的色彩、质感、光泽、耐久性等的正确运用，将在很大程度上影响装饰效果，如图 6-37 和图 6-38 所示。

🌀 图　6-37

🌀 图　6-38

### 4．满足耐久性要求

装饰材料的耐久性要求是指在计划使用年限内经久耐用的性能。通常建筑物外部装饰材料要经受日晒、雨淋、霜雪、冻融、风化、大气介质等侵袭，而内部装饰材料要经受摩擦、潮湿、洗刷等作用，因此，居室用装饰材料应根据其使用部位，对装饰材料的物理、化学性能，观感等要求也各有不同，如力学性能（强度、耐磨、可加工性等）、物理性能（吸水性、耐水性、抗冻性、耐热性、隔音性等）、化学性能（耐酸碱性、耐大气侵蚀、抗老化、耐污染性、抗风化能力等）等。如室内房间的踢脚部位，由于需要考虑地面清洁工具、家具、器物底脚碰撞时的牢度和易于清洁，因此通常需要选用有一定强度、硬质、易于清洁的装饰材料，常用的粉刷、涂料、墙纸或织物软包等墙面装饰材料都不能直落地面。也只有保证了装饰材料的耐久性，才能切实保证居室装饰工程的耐久性，如图6-39和图6-40所示。

❀ 图　6-39

❀ 图　6-40

### 5．经济合理性

从经济角度考虑装饰材料的选择，应有一个总体观念，既要考虑到居室装饰工程一次性投资，也要考虑到日后的维修费用。有时在关键性问题上，可适当加大一次投资，这样可延长使用年限，从而保证总体上的经济性。

我国目前的大部分居室装饰工程是以市场上大量涌现的新型、美观、适用、耐久、价格适中的装饰材料，经室内设计师们的精心设计和能工巧匠们的高超手艺而创造出的具有时代特色的装饰作品。合理的选材可满足既美观大方又经济实用的居室装饰要求。

### 6．符合时尚发展的需要

由于现代室内设计具有动态发展的特点，设计装修后的居室环境，通常并非是"一劳永逸"的，而是需要经常更新及满足用户时尚的需要。原有的装饰材料需要由无污染、质地和性能更好的、更为新颖美观的装饰材料来取代。界面装饰材料的选用还应注意"精心设计，巧于用材，优材精用，一般材质新用"的原则。

在室内界面处理中，铺设或贴置装饰材料是"加法"，但一些结构体系和结构构件的建筑室内也可以做"减法"，如明露的结构构件，利用模板纹理的混凝土构件或清水砖面等。有些人不用直接接触的墙面可不加装饰，也可用具有模板纹理的混凝土面或清水砖面等。

*练习题*

1. 考察参观当地建筑装饰材料市场，并写出相关材料报告。

2. 考察参观当地房地产项目的样板房，了解装饰材料的运用。

# 第7章 居住空间工程设计流程

**本章要点**

居住空间工程设计是一项较烦琐的项目,工程设计流程一般来说包括以下几方面:业务洽谈,签订委托设计合约,全套方案设计,签订工程合同书,进场准备,按时开工,进行施工,工程验收。

## 7.1 室内装修设计流程

居住空间室内装修设计流程如图 7-1 所示,具体包括以下几方面:

(1)选择装修公司;

(2)家装咨询;

(3)现场量房;

(4)预算评估;

(5)签订合同;

(6)交底施工;

(7)分阶段验收;

(8)工程完工;

(9)家装保修。

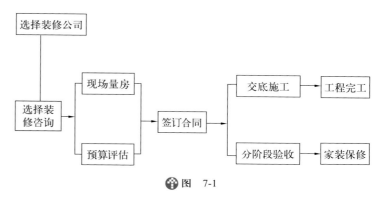

图 7-1

## 7.2 如何选择家装公司

### 1. 家装公司合法性审查

当前从事家庭装修的队伍很多,一般分三类:一类是有两证的单位(工商行政管理部门发的营业执照和建设行政管理部门发的资质证书）；一类是有一证的单位（工商行政管理部门核发的营业执照）；还有一类是无照无证单位，就是常说的"装修游击队"。前两类单位具有固定的营业地点，有企业章程和相应的管理组织机构，出了问题可以找到解决问题的地方和人员，可靠程度相对比较高；而"装修游击队"不具备以上的条件，所以家庭装修千万不要找街头的"装修游击队"。

### 2. 施工单位施工业绩的考核

施工业绩的考核就是通过对施工队伍施工工程、竣工工程的考察，判定装修施工队伍的施工能力和工程质量水平。一个施工队伍的实际能力最好的表现就是在工程作品上。通过对正在施工工地的考察，就可以发现队伍的现场管理水平和文明程度；通过已经完工的作品可以判定队伍的设计、施工质量和服务水平。任何一支成熟的施工队伍都需要经过反复的工程实践，才能逐步积累起丰富的施工经验，也才能够比较自如地应付工程中出现的各种急难险情。因此，在选择装修公司时，务必要到该公司的施工工地和完工工程处进行现场考察。

### 3. 家庭装修设计方案的审查

设计是家庭装修的灵魂，是施工的龙头，一个好的设计是家庭装修成功的保证。家庭装修设计要以方案设计的形式形成一整套设计文件。家庭装修业主通过对方案设计的审查，最后确定家庭装修的用材及施工达到的标准。因此，审查家庭装修设计方案时，应重点审查以下内容。

（1）图纸的审查。除审核平面设计外，还应重点审核施工图，考察具体设计尺寸是否符合家庭房间的尺寸，各方面的装修是否符合家庭的要求，如有出入应做进一步的调整。

（2）做法说明的审查。这是方案的设计重点，也是审查的主要内容。应就各装饰部位用材用料的规格、型号、品牌、材质、质量标准等进行审核。

（3）工程造价的审核。这也是家庭装饰方案设计的重点。应对每项子项目所用材料的数量、单价、人工费用等进行核对，以保证造价的合理、科学。

## 7.3 量房

量房是房屋装修的第一步。这个环节虽然细小，但却是非常重要的。装修公司收到用户的平面图之后，先由设计师与客户进行初步的沟通，大概了解一下客户想要把房装修成什么样子，沟通好后就进入了量房预算阶段。简单地说，量房就是客户带设计师到房屋内进行实地测量，对房屋内各个房间的长、宽、高以及门、窗、空调、暖气的位置进行逐一测量。量房对报价有直接影响，所以，量房过程也是客户与设计师进行现场沟通的过程。量房虽然花费时间不多，但看似简单、机械的工作，却影响和决定着接下来的每个装修环节。同时，设计师还将为客户推荐一些材料品牌，如果用户表示同意，设计师会进一步提供详细的工程图和逐项分列的报价单。接下来设计师就将根据客户的要求做出设计方案，制订家装的概预算并做出报价单。

### 1. 量房方法

（1）定量测量：主要测量室内的长、宽，计算出每个用途不同的房间的面积。

（2）定位测量：主要标明门、窗、暖气罩的位置（窗户要标清数量）。

（3）高度测量：主要测量各房间的高度。

在测量后，按照比例绘制出室内各房间的平面图，平面图中标明房间长、宽并详细注明门、窗、暖气罩的位置，同时标明新增设的家具的摆放位置。

### 2. 量房报价

装修公司收到用户的平面图之后，会由设计师亲自到现场度量及观察现场环境，研究用户的要求是否可行，并且获取现场设计灵感。初步选出一些材料样品介绍给用户，如果用户表示同意，设计师会进一步提供详细的工程图和逐项分列的报价单，这时用户要向装修公司提供准备采用的家具、设备资料，以便配合设计。

装修公司最后提供的图纸和报价单应表达清楚每个部位的尺寸、做法、用料（包括品牌、型号）、价钱。例如，不能用一句"厨房组合柜一套"来概括详细项目；如果有些组合柜是由许多小组合柜组成的，用户应清楚这些小组合柜的型号、尺寸、相关配件等内容。

用户收到工程图和报价单后，一定要仔细阅读，查看自己所要求的装修项目，比如装修公司是否已全部提供，有没有漏掉项目。许多用户往往关心的只是最后一个总报价。假若总报价并不包括用户需要的项目，将会造成经济损失。如果不清楚某件家具做好后是什么样子,可要求装修公司提供该件家具的效果图。不明白要问,不合适要改,直到满意为止。由洽谈到设计完成,中小型住宅的设计时间通常需 2 ~ 4 周。

## 7.4 装修预算

### 1. 有关编制装饰工程概预算的概述

建筑装饰工程是建筑工程的重要组成部分,它包括内外装饰和设施。装饰工程应采用"定额量、市场价",多采用一次包定的方式来编制装饰工程的概预算。

(1)定额量。按设计图纸和概预算定额有关规定确定的主要材料使用量、人工工日。

(2)机械费。按定额的机械费所测定的系数,计算调整后的机械费。

(3)市场价。材料价格、工资单价均按市场价计算。

(4)总造价。由定额量、市场价确定工程直接费用,并由此计算企业经营费、利润、税金等,汇总计算出工程的总造价。

### 2. 装饰工程概预算的作用

(1)装饰工程概预算的作用是建筑单位和施工企业招标、投标和评标的依据。

(2)装饰工程概预算的作用是建筑单位和施工企业签订承包合同,拨付工程款和工程结算的依据。

(3)装饰工程概预算的作用是施工企业编制计划,实行经济核算和考核经营成果的依据。

### 3. 装饰工程概预算编制依据、步骤及费用组成

(1)编制依据。包括施工图纸,现行定额、单价、标准,装饰施工组织设计,预算手册和建筑材料手册,施工合同或协议。

(2)编制步骤。熟悉施工图纸;计算工程量;计算工程直接费;计取其他各项费用;校核;写编制说明,加上封面后装订成册。

(3)费用的组成。建筑装饰工程费用由工程直接费、企业经营费及其他费用组成。

● 工程直接费:直接费包括人工费、材料费、施工机械使用费、现场管理费用及其他费用。

● 企业经营费:指企业经营管理层及建筑装饰管理部门在经营中所发生的各项管理费用和财务费用。

● 其他费用:主要有利润和税金等。

## 7.5 报价

设计师根据客户的要求做好设计方案后,就开始制订家装的概预算并做出报价单,用户最好了解一下概预算及报价的注意事项,这样才方便与设计师讨论方案的可行性,以及各部位的施工工艺,然后再详细了解每一处施工的价格,并能自己判断报价是否合理,以便做到心中有数,为签订最终的装修合同提供保证。

装修户的居室状况对装修施工报价影响也很大,主要包括以下方面。

(1)顶面。其平整度可参照地面要求。可用灯光试验来查看是否有较大阴影,以明确其平整度。

(2)地面。无论是水泥抹灰还是地砖的地面,都须注意其平整度,包括单间房屋以及各个房间地面的平整度。平整度的优劣对于铺地砖或铺地板等装修施工单价有很大影响。

(3)墙面。墙面平整度要从三方面来度量,即两面墙与地面或顶面所形成的立体角应顺直,二面墙之间的夹角要垂直,单面墙要平整、无起伏、无弯曲,这三方面与地面铺装以及墙面装修的施工单价有关。

(4)门窗。主要查看门窗扇与柜之间横竖缝是否均匀及密实。

(5)厨卫。注意地面是否向地漏方向倾斜;地面防水状况如何;地面管道(上下水及煤气、暖水管)周围的防水;墙体或顶面是否有局部裂缝、水迹及霉变;洁具上下水有无滴漏,下水是否通畅;现有洗脸池、坐便器、浴池、洗菜池、灶台等位置是否合理。

## 7.6 工程验收

居住空间室内设计工程验收一般要根据国家《住宅装饰质量标准》(DB32/388-2000)实施,并在装饰装修过程中把握好施工进度,根据施工进度做到分阶段验收及完工后整体验收相结合,这样可避免很多不必要的麻烦,并能更好地控制施工的质量。

## 7.6.1 分阶段验收

### 1. 装饰施工队入场前

第一阶段首先要检查拆装改造项目是否合理及是否符合使用要求,是否存在安全隐患,墙面处理是否干净,检查进场材料的数量、等级、规格是否与事先约定(或与施工合同)相符,如图7-2~图7-4所示。

图 7-2

图 7-3

图 7-4

### 2. 水电线路

第二阶段的验收应该是水管、电路等隐蔽工程改造的单独验收。根据水电图检查所有的改造线路是否通畅,布局是否合理,操作是否规范,并重新确认线路改造的实际尺寸。比如,水管方面设计如无特殊要求,上水管道一般采用$\phi$15的塑铝管(或PPR管),冷水管为白色,热水管为红色。上水管道与燃气管道的距离应不小于50mm。上水管改造结束后,在隐蔽前必须试水压,试水压20分钟后无渗漏,方可隐蔽。以三室二厅居室为例,如无特殊要求,则所有空调电路要独放。其他电路共计四路:所有照明为一路,厨房间插座为一路,卫生间用电设备及卫生间插座为一路,除厨、卫以外的所有插座为一路。电路铺设采用PVC电管暗铺,电管在跨越门口等经常走动的部位应采取保护措施。吊顶内电线可不穿管子,但必须采用护套线;导线接头必须在接线盒内,并头接线盒宜设在易于检测处,并在电路竣工图中标明位置。只有线路改好后,泥子工才可以接下去封墙、刮泥子,如图7-5~图7-7所示。

图 7-5

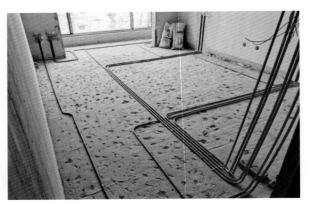

图 7-6

图 7-7

### 3. 泥工

第三阶段，泥工贴墙砖之前，墙面基层应先清理干净，并提前湿润墙面。如原来的老墙面有石灰层，必须铲除石灰层，并检查墙面是否垂直及墙角是否方正，并确保墙砖贴好后墙面垂直，墙角方正。瓷砖转角必须留 45°角，瓷砖嵌缝应该用白水泥。卫生间、厨房贴墙地砖前须做防水，墙身防水离地 300mm 高；卫生间另一侧有房间的墙面防水应到顶。地砖铺贴前应清理基层，并浇水湿润基层。地面上无明显水迹时方可铺贴，如图 7-8 和图 7-9 所示。

图 7-8

图 7-9

### 4. 第四阶段的验收

第四阶段的验收要在木工基础做完之后，此时房间内的吊顶和石膏线也都应该施工完毕，厨房和卫生间的墙面砖也已贴好，同时需要粉刷的墙面应刮完两遍泥子。这个阶段的验收工作非常重要，应该仔细核对图纸，确认各部位的尺寸，如发现不符的地方，要及时提示施工队修改。比如，地板木龙骨应采用木针、钉子固定，木楔采用电锤打眼，钻头为 10～12mm，间距不大于 400mm，钉子不小于 3.5 寸。现场制作的清水漆工艺平板门扇基层采用双层 18mm 厚木工板框或松木板框，内置木工板块或木方，外贴饰面板后压制而成，板框宽度不小于 8cm，压门时间不小于 48 小时。双层板框之间、基层板与饰面板之间应满涂木胶。门扇收边条厚度不小于 7mm。一般家具柜体采用 15mm 厚双面贴木工板，统一采用厚度不小于 4mm 的实木收边。当所有细木制品的饰面板贴好并且木线黏钉完毕后，基本处于工期过半的时候，此时的检查验收要偏重于木制品的色差和纹理，以及大面积的平整度和缝隙是否均匀，如图 7-10～图 7-13 所示。

图 7-10

🎯 图　7-11

🎯 图　7-12

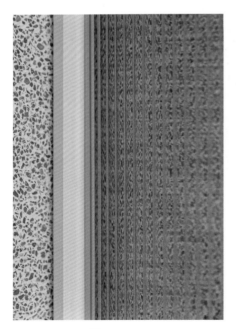

🎯 图　7-13

**5. 第五阶段的验收**

　　木制品完工后,油工就可以开始进行底漆处理工作,同时所有地砖也应该在这个阶段内贴完,这是分阶段验收中的第五阶段。一般要求木材面用硝基

漆清漆10~18遍,混水油漆刷抹不少于4遍。如图7-14和图7-15所示。

🎯 图　7-14

🎯 图　7-15

　　验收阶段在实际施工中并不是绝对的,不同的家居对装修装饰内容都有不同的要求,施工进度自然也会有相应的调整,可以根据工程进度情况灵活掌握。

### 7.6.2　整体验收

　　由于装饰装修居室涉及的内容及项目较多,验收时容易遗漏,可以向施工方索要一份详细的装修清单。在经过几个大部分的验收外,再根据装修清单上的内容一一核实。

　　(1)在阶段验收的基础上,先看整体外观。首先就要对装饰装修完的居室的整体装饰面进行检查,查看墙面、地面的平整度;查看房门是否平整,有无变形;查看墙砖、地砖有无破损。

（2）房屋的安全性也需要仔细检查。水、电的安装一点都不能马虎,业主要逐项查验每个插座是否都有电;电话、宽带是否畅通;空调的插座和排水孔是否已经安置妥当;检查水管的上下接口是否密闭。最重要的是向施工方索要一份水电布线竣工图,以方便日后维修。

（3）检查所有的外窗是否封闭。检查的方法有两种:一种是用肉眼观察是否有缝隙,另一种是仔细查看所有接缝处是否做了密封处理。

（4）检查踏脚板、洁具和五金的安装情况,木制品的面漆是否到位,墙面、顶面的涂料是否均匀,电工安装好的面板及灯具位置是否合适,线路连接是否正确。另外,应要求施工队将房间彻底清扫干净后方可撤场。

（5）签署室内装修部分的保修协议,上面列举了居室装饰装修的保修项目和年限等内容。保修协议一定要保存妥当,避免日后维修时出现争议。

---

练习题

　　考察参观装饰设计工程公司的家居施工工地,了解施工流程及工艺,并写出相关报告。

# 第8章 居住空间效果展示

## 8.1 新中式设计方案

方案采用新中式的设计手法，打造具有中式风格的室内空间。空间墙面设计时引入中国水墨元素，将中国文化融入室内设计中。室内装饰品的选择包括中国字画、中式花艺，营造了整体氛围。室内家具造型与线条表现要用对称式设计方法，应符合中式设计理念，如图8-1～图8-8所示。

图 8-1

图 8-2

图 8-3

图 8-4

图 8-5

图 8-6

图 8-7

图 8-8

方案全景 VR 效果如图 8-9 所示。

查看VR效果

图 8-9

## 8.2 现代风格设计方案

方案采用现代风格设计,营造时尚现代的空间效果。空间以黑、白、灰结合的方式进行效果渲染,运用黑色线条勾勒造型结构。空间设计时,注重灯光与造型结合的设计手法,运用线型灯与黑色线条进行呼应,如图 8-10 ~ 图 8-18 所示。

图 8-10

图 8-11

图 8-12

图 8-13

图 8-14

图 8-15

图 8-16

图 8-17

图 8-18

方案全景 VR 效果如图 8-19 所示。

查看VR效果

图 8-19

## 8.3 现代轻奢风格设计方案

方案设计风格为现代轻奢风格。轻奢风格主要以金属、皮革为主,用色彩的纯度展现出细腻的质感。造型简洁,线条流畅,营造出稳定、协调、温馨的空间感受,满足现代年轻人的需求。

现代轻奢风格注重高品质与设计感,在硬装修中以现代元素为主设计手法,通过家具和装饰物来体现轻奢效果,将优雅时尚的质感结合着现代材质及装饰技巧巧妙地呈现在居室中。轻奢风格简约的硬装修看似简洁朴素,却更容易衬托出具有高品质的家具和软装产品,通过家具、灯饰、背景墙等装饰元素体现一种低调的奢华气质,形成一种奢华与实用并重的家居新风尚,如图 8-20 ~图 8-27 所示。

图 8-20

图 8-21

图 8-22

图 8-23

图 8-24

图 8-25

图 8-26

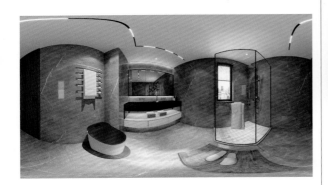

图 8-27

方案全景 VR 效果如图 8-28 所示。

查看VR效果

图 8-28

## 8.4　日式设计方案

　　方案采用日式的设计手法,打造具有日式风格的室内空间。日式风格又称和风、和式,和风源于中国的唐朝。日式设计讲究空间的流动与分隔,流动则为一室,分隔则分几个功能空间,空间中总能让人静静地思考。传统的日式家居将自然界的材质

大量运用于居室的装修、装饰中,以节制、禅意为境界,如图 8-29 ～ 图 8-31 所示。

图 8-29

图 8-30

图 8-31

方案全景 VR 效果如图 8-32 所示。

查看VR效果

图 8-32

# 参 考 文 献

[1] 张绮曼,郑曙旸. 室内设计资料集 [M]. 北京：中国建筑工业出版社，1991.

[2] 张青萍. 室内环境设计 [M]. 北京：中国林业出版社，2003.

[3] 张绮曼. 室内设计的风格样式与流派 [M]. 北京：中国建筑工业出版社，2000.

[4] 张绮曼,潘吾华. 室内设计资料集 2 [M]. 北京：中国建筑工业出版社，1999.

[5] 霍维国. 室内设计教程 [M]. 北京：机械工业出版社，2006.

[6] 刘盛璜. 人体工程学与室内设计 [M]. 2 版. 北京：中国建筑工业出版社，2004.

[7] 邱晓葵. 室内设计 [M]. 北京：高等教育出版社，2002.

[8] https://www.gooood.cn/

[9] https://www.znzmo.com/

[10] https://www.mati.hk/

[11] http://www.cbda.cn/